人工智能
从入门到进阶实战

桑圆圆
刁彬斌
彭昊
李升

等 编著

U0231183

化学工业出版社

·北京·

本书面向初学者，采用全彩图解+视频讲解的形式介绍了人工智能的基础知识及开发案例，从无代码到图形化编程到代码编程，循序渐进，让读者逐步掌握人工智能技术，体验人工智能带给自己的乐趣。

本书首先通过mDesigner+开源硬件的结合赋予创客作品以"智能"，接着介绍了与人工智能密切相关的深度学习及其所需要的编程语言、编程框架及编程环境等知识，进而结合不同的场景，详细讲解了人工智能在视觉、听觉、无人驾驶等不同领域的实际应用。

本书强调人工智能理念的实战应用，书中涉及的程序源代码均可直接下载使用，方便读者动手实践，注重想象力、创造力以及动手能力的提升。对于青少年创客、人工智能初学者来说，本书将是一本不错的入门读物。

图书在版编目（CIP）数据

人工智能从入门到进阶实战 / 桑圆圆等编著. — 北京：化学工业出版社，2020.1（2025.3重印）

ISBN 978-7-122-35521-8

Ⅰ. ①人… Ⅱ. ①桑… Ⅲ. ①人工智能－基本知识

Ⅳ. ①TP18

中国版本图书馆 CIP 数据核字（2019）第 237818 号

责任编辑：耍利娜　　　　文字编辑：吴开亮　　　　装帧设计：水长流文化
责任校对：刘　颖　　　　美术编辑：王晓宇

出版发行：化学工业出版社（北京市东城区青年湖南街 13 号　邮政编码 100011）
印　　装：涿州市般润文化传播有限公司
710mm×1000mm　1/16　印张 13½　字数 253 千字　2025 年 3 月北京第 1 版第 8 次印刷

购书咨询：010-64518888　　　　　　　　　　　　售后服务：010-64518899
网　　址：http://www.cip.com.cn
凡购买本书，如有缺损质量问题，本社销售中心负责调换。

定　价：59.00 元　　　　　　　　　　　　　　　　版权所有　违者必究

本书编写人员名单

桑圆圆	张　鹏			北京市第一零九中学
刁彬斌				北京市宏志中学
彭　昊				北京优派科技有限公司
李　升				美科科技（北京）有限公司
来　源	宋宏芳	耿林杰		英诺爱科（北京）科技有限公司
夏令明	李彦霖			北京智润天地科技有限公司
张　璜	伍锦城			深圳市小喵科技有限公司
高　勇				北京教育科学研究院
王　璇	蒋　礼	蔡楚慧	林　山	i3DOne青少年三维创意社区
李海伦	林壁贵	孙恺菁		
张锦良	高　凯			北京市第二中学
王泽民				北京八一学校
宁　艺				北京外企科技有限公司
郝晋青				太原师范学院物理系
胡海军				北京亚太实验学校
毛澄洁				北京景山学校
刘中凯				北京教育学院丰台分院
张守群	刘玉婷			北京康邦科技有限公司
高　程				黄骅市羊三木回族乡刘皮庄完全小学
杨海刚				河南师范大学
孙淑萍	杨静娴			北京市第三十五中学
朱丽萍	李宇翔			北京市东城区教师研修中心
刘　焱				北京不让飞文化传媒有限公司
郭　磊				安和帝源科技发展有限公司
董　立	梅志萍			北京市通州区潞县中学
高　原				北京五星传奇文化传媒股份有限公司
皮云波				贵定中学
段贵强				北京新新启点教育科技有限公司

前言

2018年教育部发布了《高等学校人工智能创新行动计划》，在中小学阶段引入人工智能普及教育，构建人工智能专业教育、职业教育和大学基础教育于一体的教育体系。2019年国际人工智能教育大会倡导推动人工智能与教育、教学、学习系统性地融合，人工智能已成为新一轮国家发展的核心驱动力。为深入贯彻落实国务院《新一代人工智能发展规划》《中国教育现代化2035》及教育部对中小学生人工智能教育的指导方针和任务要求，提高教育质量，以科普教育为出发点，向广大青少年学生群体普及推广人工智能相关科普知识和技能，提高广大青少年学生群体对人工智能的认知和应用能力，以注重兴趣培养为导向，进而将人工智能转化成为学生们在创新创造过程中可应用的工具，为国家在人工智能开发和应用领域储备具有创新能力的专业人才。

本书特点鲜明，带领读者实践体验真实的人工智能项目，突出"实践"和"做"，适当弱化概念定义和枯燥的算法讲解。

让AI教学寻找到真实的AI需求，依托生活化、场景化和案例化的应用需求，学习、应用实践人工智能技术，试着收集清洗数据，训练机器学习，借助开源社区的力量，"站在巨人的肩膀上"，而不是从零开始，这是本书传达给读者的核心观点，也是适合青少年学习研究人工智能的方式。

本书知识全面系统，详尽介绍什么是人工智能、人工智能到底能做什么，并通过真实案例进行AI开发实践。

本书操作性强，重点章节配有讲解视频和程序源代码，方便读者学习实践。

读者将通过本书近距离体验和感受人工智能的力量，学习如何在未来的世界中运用人工智能发明和创造，为了解、掌握国际最前沿人工智能科技打下坚实基础。

由于时间和水平有限，书中不妥之处在所难免，望广大读者批评指正。

编著者

源程序下载

目录

进阶篇

第4章 图形化编程搭建神经网络深度学习系统

第5章 常用的深度学习开发工具

入门篇

第1章

初识人工智能

2017年，我国国务院发布了《新一代人工智能发展规划》，计划到2030年将中国打造成世界领先水平的全球人工智能创新中心。同一年，俄罗斯总统普京说："得人工智能者，将得天下。"

据了解，截至目前，中国已经是全球人工智能研究论文发表和引用世界第一、人工智能专利排名第一、人工智能风险投资排名第一、AI公司数量排名第二的国家。由此可见，中国的人工智能技术开发以及市场应用方面已经居于国际领先地位。

美国外交学会新兴技术和国家安全专家亚当·西格尔说："重大的经济和国家安全意义是中国决心成为人工智能领域主要参与者的原因。"

事实上，中国除了推动人工智能研究之外，还有许多初创企业围绕人工智能应用开发出具有创新性和市场竞争力的产品和服务。

2019年的2月7日，硅谷最强智库之一的CB Insights发布了"2019全球Top 100 AI创业公司年度榜单"。这一年入选的这100家人工智能公司分布行业众多，包括医疗、电信、半导体、政务、零售和金融，以及更广泛的企业技术领域。此次入围Top 100榜单的中国公司有6家，分别为：商汤、依图、第四范式、旷视、魔门塔、地平线。

另外，我国在人工智能领域取得阶段性成果的同时，却面临AI人才大量短缺的问题。调查显示，全世界约190万名AI工程师中，约85万名在美国，中国仅约有5万名。2017年一项调查显示，全球约有370所大学在培养AI工程师，其中美国约170所，而中国仅有20所。中国的许多AI工程师都曾在美国受教育，我国迫切需要在国内培养人才，政府通过为中小学引入人工智能课程储备未来人才。中国已出版小学和初中的AI教材，数百所中小学开始设立相关课程。

当今，人工智能正在迅速崛起，影响我们生活的方方面面。大力开展人工智能教育是当今中国社会的使命，无论身在校园还是职场，紧跟时代的脚步，接受人工智能知识科普，开展AI的学习研究是十分必要的。

1.1 > 什么是AI（人工智能）

人工智能（Artificial Intelligence），英文缩写为AI。它是研究、开发用于模拟、延伸和扩展人的智能的理论、方法、技术及应用系统的一门新的技术科学。

人工智能是计算机科学的一个分支，它企图了解智能的实质，并生产出一种新的能以与人类智能相似的方式做出反应的智能机器，该领域的研究包括机器人、语言识别、图像识别、自然语言处理和专家系统等。

人工智能从诞生以来，理论和技术日益成熟，应用领域也不断扩大，可以设想，未来人工智能带来的科技产品，将会是人类智慧的"容器"。人工智能可以对人的意识、思维的信息过程进行模拟。人工智能不是人的智能，但能像人那样思考，也可能超过人的智能。

人工智能分为两大类：

（1）狭义人工智能

狭义人工智能是指AI专注于狭义的某项特定任务。狭义人工智能已经存在于我们身边，并在很多方面击败了我们，比如国际象棋、智力游戏Jeopardy以及最近的围棋阿尔法狗（AlphaGo）。

（2）广义人工智能

广义人工智能可以学习新东西，掌握新技能，随着人工智能技术的进步，同一个AI智能体既可以是一名好棋手又可以是一位好司机。

一个人工智能体解决多种不同的任务是AI研究的热点和发展方向，最近谷歌研究人员尝试训练了一个深度规划网络（PlaNet）智能体，它可同时解决多项任务，如：学会猎豹用四肢奔跑的同时掌握人类的双足直立行走。该智能体甚至可以在不了解任务的情况下被随机放置在不同的环境中，它可以通过观测学习来推断当前环境的任务内容。无须改变任何神经网络结构，AI自己可以高效决策规划以收集新的经验。经测试，目前该多任务智能体的性能表现与只能完成特定任务的单个智能体相当。

1.2 > 生活中的人工智能

如今中国移动支付规模全球第一。在路边摊都用上扫码支付的今天，越来越少人会带着大量现金出门了。

外国游客很羡慕中国人可以到处使用移动支付，就连在街头小摊上买个菜或者水

果，都可以用手机支付。手机的电子钱包功能除了可以支付结账外，还可以预约出租车，或者点外卖。外国游客在中国感受到了这一切后，直呼中国人太厉害了。有些外国游客在中国习惯了移动支付，回到家乡后，感觉现金支付变得无比麻烦，十分怀念在中国的时光。

但是，移动支付给我们带来便利的同时却暗藏危机，手机被植入病毒代码、账号被盗、不断翻新的转账诈骗手段时时刻刻威胁着我们。

以支付宝为例，看似一个小小的软件，却储存着大量的金钱，肯定有人想要攻破支付宝的安全防线，盗取其中的钱财。

支付宝一天被黑客攻击16亿次，这是一个很可怕的数字。可是直到现在，支付宝没有出过任何事情，这让不少人对此表示好奇，到底支付宝做了什么才能一直这么安全呢？

原来我们每个人的电子钱包都有个守卫门神"AlphaRisk"，它是一套完全自动化的防御风险控制系统。

AlphaRisk的背后有人工智能的加持。这套风险控制人工智能系统每天要做的就是判断每笔交易和转账是否存在可疑的问题。

支付宝账户受损失，主要有两种情况：账户被盗和被诈骗之后主动转钱给别人。

支付宝的背后有AlphaRisk对用户的账户状态实时监控保障安全，而且这个"勤奋"的人工智能还在不断学习苦练"火眼金睛"来升级进化自己识别诈骗的能力。

骗子骗人，一般都是直接打电话，或者在微信上骗，那些过程支付宝肯定不知道，它只能看到一个账户给另一个账户转了钱。通过这么少的信息，它怎么能判断你是不是被骗了呢？

举个真实的例子：

一个妈妈，她的孩子在外地打工，做快递员。突然有一天，她接到了一个陌生电话，告诉她儿子出了车祸，急需抢救，需要她打钱过来。妈妈开始没相信，把电话挂了。但是身边的电视正好播出了一条新闻，说他儿子所在的城市，有一个送货小哥出了严重车祸。这下她着急了，赶快给对方回电话，要把钱转过去。

就在这位妈妈准备把钱转给骗子的时候，AlphaRisk 判断出了风险，并且弹出了提示，告诉她有这笔转账可能是被骗了。妈妈选择无视，关掉弹窗继续转账。这次，AlphaRisk 判断强风险，直接阻断了交易，锁定账户两小时。这位妈妈非常生气，觉得自己的儿子出了事，支付宝却不让转账，于是拨打客服理论。正在这时，他的儿子碰巧打电话给妈妈，这才揭穿了骗子的骗局。

在这个例子中，AlphaRisk 是凭什么判断转账存在诈骗风险呢？

有三点：

① 妈妈平常的支出，都是小额的日常生活买菜、在超市消费，突然一下转几万元显得很异常。

② 对方的收款账户是新注册的，而且近几日只有大额收款和提现，并没有日常消费。

③ 这两个账户之间从未有过直接转账。

其实，AlphaRisk 用来判断的风险点有几千个（如交易金额、支付宝注册地、交易时间、使用密码支付还是指纹支付等）。把这么多数据进行巨量的交叉运算，总运算量巨大。在平时，全世界每秒钟会有上万次的支付宝交易。如果在"双11"这种狂欢节，每秒支付宝要处理25万笔交易。

这么疯狂的机器，是不是有不少程序员为它更新安全策略？

并不是，因为有人工智能的加持，AlphaRisk自己就是一个能"自主学习进化"的智能体。

正常情况下，AlphaRisk 想要学会新的反诈骗套路，可以7×24小时收集交易数据，自己学习新的知识随时自我进化迭代。AlphaRisk具备一个自动建模的系统，每天都会有一些用户损失通过投诉渠道反馈回来，这个自动建模系统就可以通过学习这些AlphaRisk 没有拦截成功的案例来建立新的风险模型，下次再遇到同样的问题，AlphaRisk 就能一眼识别，实现了对新诈骗手法的快速识别响应。

通过上面的介绍会发现，原来我们每个人的财产安全都有人工智能在保驾护航。其实，不光支付宝，各大电子购物网站、银行的网银系统等，都有一位AI"门神"在守护着用户的安全。

人工智能技术早已应用在我们生活的方方面面。为了迎接未来更加智能的生活，让我们一起了解、学习人工智能吧。

1.3 ▶ 人工智能简史

人工智能在20世纪五六十年代时正式提出，1950年，一位名叫马文·明斯基（后被人称为"人工智能之父"）的大四学生与他的同学邓恩·埃德蒙一起，建造了世界上第一台神经网络计算机。这也被看作人工智能的一个起点。

巧合的是，同样是在1950年，被称为"计算机科学之父"的阿兰·图灵提出了一个举世瞩目的想法——图灵测试。

按照图灵的设想：如果一台机器能够与人类开展对话而不能被辨别出机器身份，那么这台机器就具有智能。而就在这一年，图灵还大胆预言了真正具备智能机器的可行性。

1956年，在由达特茅斯学院举办的一次会议上，计算机专家约翰·麦卡锡提出了"人工智能"一词。后来，这被人们看作人工智能正式诞生的标志。就在这次会议后不久，麦卡锡从达特茅斯搬到了MIT。同年，明斯基也搬到了这里，之后两人共同创建了世界上第一座人工智能实验室——MIT AI LAB实验室。

值得纪念的是，达特茅斯会议正式确立了"AI"这一术语，并且开始从学术角度对AI展开了严肃而精专的研究。在那之后不久，最早的一批人工智能学者和技术开始涌现。达特茅斯会议被广泛认为是人工智能诞生的标志，从此人工智能走上了快速发展的道路。

下表是人工智能的历史阶段概括总结。

时期	事件
孕育期	1956年夏天，美国达特茅斯学院举行了历史上第一次人工智能研讨会，这被认为是人工智能诞生的标志。这次会议中首次提出了"人工智能"概念
发展期	20世纪50年代后期到60年代，人工智能研究在机器定理证明、机器翻译等方向取得了重要进展，计算机跳棋程序也战胜了人类选手

时期	事件
低谷期	在1987~1993年,由于被认为并非下一个发展方向,人工智能的拨款受到了限制。失去资金支持后,人工智能经历了低谷。原因是计算机证明数学定理的能力十分有限,计算机翻译的文学颠三倒四
复苏期	从20世纪90年代开始,互联网推动人工智能不断地创新和发展。机器学习、人工神经网络等技术开始兴起
爆发期	2006年,加拿大多伦多大学Hinton教授提出深度学习方法。2012年,Hinton团队在图片分享竞赛ImageNet上,依靠深度学习技术以巨大优势取得第一名。 从此,深度学习技术被广泛应用到计算机视觉、自然语言处理等领域,人工智能进入爆发期

注:人工智能的发展历史充满反复,不是一个简单的低谷和复苏过程,以上只是人工智能一些重要的历史时间节点。

1.4 > 人工智能擅长的领域

人工智能在以下各个领域占据主导地位。

① 游戏:人工智能在国际象棋、扑克、围棋等游戏中起着至关重要的作用,机器可以根据启发式知识来思考大量可能的位置并计算出最优的下棋落子。

② 自然语言处理:可以与理解人类自然语言的计算机进行交互。比如常见机器翻译系统、人机对话系统。

③ 专家系统:有一些应用程序集成了机器、软件和特殊信息,以传授推理和建议。它们为用户提供解释和建议,比如分析股票行情,进行量化交易。

④ 视觉系统:它系统地理解、解释计算机上的视觉输入。例如:间谍飞机拍摄照片,用于计算空间信息或区域地图;医生使用临床专家系统来诊断患者;警方使用的计算机软件可以识别数据库里面存储的肖像,从而识别犯罪者的脸部;还有我们最常用的车牌识别等。

⑤ 语音识别:智能系统能够与人类对话,通过句子及其含义来听取和理解人的语言。它可以处理不同的重音、俚语、背景噪声、不同人的声调变化等。

⑥ 手写识别:手写识别软件通过笔在屏幕上写的文本可以识别字母的形状并将其转换为可编辑的文本。

⑦ 智能机器人:机器人能够执行人类给出的任务。它具有传感器,检测到来自现实世界的光、热、温度、运动、声音、碰撞和压力等数据,拥有高效的处理器、多个传感器和巨大的内存,以展示它的智能,并且能够从错误中吸取教训来适应新的环境。

1.5 ＞ 人工智能与机器学习

程序员如果要命令计算机做一件事情，他需要知道解决这个事情的每一个步骤，然后用判断、循环等指令，一步一步地告诉计算机如何去完成。

比如自动售货机，计算机从输入的号码查询到商品的价格和货架的位置，等待付款成功之后就将商品"吐"出来。对于这种重复性的劳动，程序是非常高效的。但是某些问题，诸如自动驾驶，是不可能通过这种方式解决的，所以就有了现在流行的机器学习。

机器学习就和人类一样，通过不停地输入数据（信息）然后自动学习解决问题的办法。比如图片识别，小孩子是不可能出生的时候就知道什么是人、什么是猫、什么是狗，而是家长和老师们不停地在图片、视频或者现实生活当中给他们"指出"这是猫、这是狗，小孩看（数据输入）多了自然就知道猫和狗的区别，下次见到相同的动物也就学会了识别。机器学习也一样，人类标记（指出）大量带有猫、狗的图片"喂"给机器，通过机器学习算法，机器自动就掌握了学习识别猫、狗的算法，于是我们就可以用这个经过训练的机器去帮我们去识别猫、狗了。

机器学习有很多分类，比如上面识别猫、狗的例子就是一种用于分类（Classification）的监督学习算法（Supervised Learning）。

理解机器学习，首先就需要了解机器学习的方法。通常来说，机器学习的方法包括：

监督学习 supervised learning：（有数据有标签）在学习过程中，不断地向计算机提供数据和这些数据对应的值（标签正确答案），如给出猫、狗的图片并告诉计算机哪些是猫哪些是狗，让计算机去学习分辨。

无监督学习 unsupervised learning：（有数据无标签）给猫和狗的图片，不告诉计算机哪些是猫哪些是狗，而让它自己去判断和分类。不提供数据所对应的标签信息，计算机通过观察数据间特性总结规律。

半监督学习 semi-supervised learning：综合监督和无监督，考虑如何利用少量有标签的样本和大

量没标签的样本进行训练和分类。

强化学习 reinforcement learning：把计算机丢到一个完全陌生的环境，或让它完成一项未接触过的任务，它自己会尝试各种手段，最后让自己成功适应，或学会完成任务的方法途径。

遗传算法 genetic algorithm：通过淘汰机制设计最优的模型。

机器学习的输出（Output）主要解决两类问题：

分类问题（比如识别猫狗）和回归问题（比如预测房价）。

常规的人工智能包含机器学习和深度学习两个很重要的模块。

图中说明了人工智能、机器学习和深度学习它们之间的关系。人工智能是一类非常广泛的问题，机器学习是解决这类问题的一个重要手段，深度学习则是机器学习的一个分支。

在很多人工智能问题上，深度学习的方法突破了传统机器学习方法的瓶颈，推动了人工智能领域的快速发展。

1.6 ❯ 什么是神经网络

一想到神经网络，我们首先会想到生物神经系统中数以万计的细胞联结，将感官和反射器联系在一起的神经网络系统。复杂的生物神经网络系统居然神奇地放入了计算机程序中！而且人类正在将这种人工神经网络系统推向更高的境界。

今天的世界早已布满了人工神经网络的身影。比如搜索引擎、股票价格预测、机器学习围棋、家庭助手等，从金融到仿生样样都能运用AI人工神经网络。

那么，计算机领域的神经网络和我们自己身体里的神经网络是一样的吗？科学家们通过长久的探索，想让计算

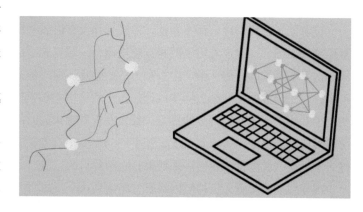

机像人一样思考，所以研发了人工神经网络，究竟它和我们的神经网络有多像?我们先来看看人的神经网络到底是什么样子。

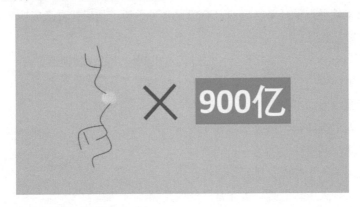

900亿神经元细胞组成了我们复杂的神经网络系统，这个数量甚至可以和宇宙中的星球数相比较。如果仅仅靠单个的神经元，是永远没有办法让我们像今天一样，能学习完成各种复杂任务的。

我们是如何靠这些神经元来解决问题的呢?

想象下图，我们还是婴儿。

包着尿布的我们什么都不知道，神经元并没有形成系统和网络。可能只是一些分散的细胞而已，一端连着嘴巴的味觉感受器，一端连着手部的肌肉。小时候，当我们第一次品尝糖果的时候，会产生一种美妙的感觉。这时候神经元开始产生联结，记忆形成，但是形成的新联结怎样变成记忆，仍然是生物科学界的一个谜。不过现在，我们的手和嘴产生了某种特定的搭配。每次发现有糖果的时候某种生物信号就会从我们之前形成的神经联结传递到手上，让手的动作变得有意义，比如我们开始撒娇伸手要糖，然后大人就会再给我们一颗糖果，吃糖的目的达成。

现在我们来看看人工神经网络要怎样达到这个目的。

人工神经网络与生物神经网络对比如下：

首先，用很少的神经元组成固定结构的人工神经网络代替生物神经网络的复杂结构。人工神经网络所有神经元之间的连接都是固定不可更换的，也就是说，在人工神经网络里，没有凭空产生新联结这回事。

人工神经网络典型的一种学习方式就是我们已经知道吃到糖果时，手会如何动，但是我们想让神经网络学着帮我们做这件动动手的事情。所以我们预先准备好非常多的吃糖的学习数据，然后将这些数据一次次放入这套人工神经网络系统中，糖的信号会通过这套系统传递到手。然后通过对比这次信号传递后手的动作是不是"讨糖"来修改人工神经网络当中的神经元强度。这种修改在专业术语中叫做"误差反向传递"，也可以看作是再一次将传过来的信号传回去，看看这个负责传递信号神经元对于"讨糖"的动作到底有没有贡献，让它好好反思与改正，争取下次做出更好的贡献。

这样看来，人工神经网络和生物神经网络的确不是一回事。

人工神经网络和生物神经网络两者区别总结：

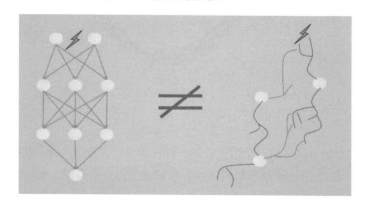

人工神经网络靠的是正向和反向传播来更新神经元，从而形成一个好的神经系统。本质上这是一个能让计算机处理和优化的数学模型。

而生物神经网络是通过刺激产生新的联结，让信号能够通过新的联结传递而形成反馈。

虽然现在的计算机技术越来越先进，不过我们身体里的生物神经系统经过了长期的进化，是独一无二的，迄今为止再复杂、再庞大的人工神经网络系统也不能替代我们的人脑。

1.7 ➤ 训练人工神经网络

训练深度学习神经网络其实就是让电脑不断地尝试模拟已知的数据。它能知道自己拟合的数据离真实的数据差距有多远，然后不断地改进自己拟合的参数，提高拟合的相似度。

本例中蓝色离散点是我们的数据点，红线是通过神经网络算法拟合出来的曲线。如下图所示。

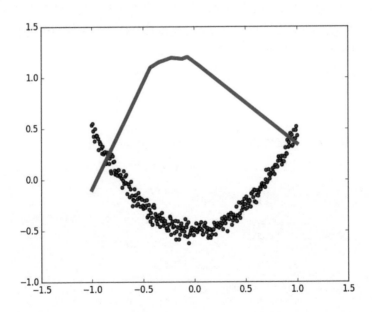

红线是对我们数据点的一个近似表达。可以看出，在开始阶段，红线的表达能力不强，误差很大。不过通过不断的学习，预测误差将会被降低。所以学习到后来红线也能近似表达出数据的样子。如下图所示。

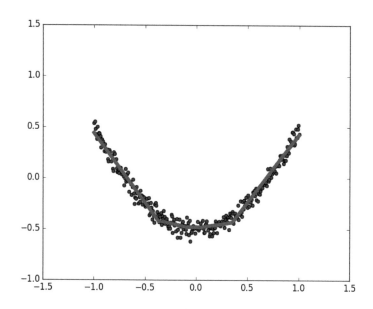

　　人工神经网络的训练本质就是寻找模型最佳参数让预测输出拟合训练数据的过程。

　　如果红色曲线的表达式为：$y = ax + b$，其中x代表inputs（输入），y代表outputs（输出），a和b是神经网络训练的参数。模型训练好了以后a和b的值将会被确定，比如 a=0.5，b=2，当我们再输入x=3时，我们的模型就会输出$0.5 \times 3 + 2$的结果。模型通过学习数据，得到能表达数据的参数，然后对我们另外给的输入数据作出预测输出。

　　训练神经网络用到的数据集一定要划分为训练集和测试集。永远不要用测试集来训练！需要避免过拟合（可以认为，过拟合就像在一次测验前，记忆了许多细节，但没有理解其中的信息。如果只是记忆细节，那么当你自己在家复习知识卡片时，效果会很好，但只要考没见过的题型，都会不及格）。

　　创建神经网络模型后，模型需要在数据上训练，并在另外的数据上完成测试。对训练集的记忆并不等于学习。模型在训练集上学习得越好，就应该在测试集给出更好的预测结果。过拟合永远都不是你想要的结果，学习才是！

　　一种常见的方法是将数据集按 80/20 进行划分，其中80%的数据用作训练，20%的数据用作测试。

　　最后，我们把训练人工智能和人类学习知识过程做个比较。

人类学习知识过程	训练人工智能过程
看书，学习，做练习题	迭代模型拟合训练数据集
参加考试，通过得分测试自己的学习水平	通过测试集数据测试模型loss（损失率）
用掌握的知识解决实际生活中的问题	应用到特定环境来解决特定任务

1.8 > 可解释的AI让神经网络的黑盒不黑

神经网络可划分为输入、黑盒、输出三个区域。

黑盒所进行的操作可理解为对输入的特征进行加工，第一层加工后称为"代表特征"，下一层再对代表特征进行加工，这些特征往往只有计算机自己能看懂。与其说黑盒是在加工处理，不如说是在将一种代表特征转换成另一种代表特征。一次次特征之间的转换，也就是一次次更有深度的理解。

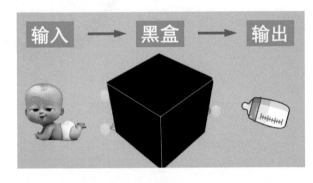

有时候代表特征太多了，人类没有办法看懂它们代表的是什么，然而计算机却能看清楚它所学到的规律，所以我们才觉得神经网络就是个黑盒。

如下图所示，我们打开人工智能的脑壳，究竟看到了什么呢？

黑盒给机器学习带来了不可解释性，只给结果不给理由，这是机器学习在所有领域应用的"通病"。

想象在金融行业让人工智能辅助决策，机器学习在判断一笔交易是否为风险交易时，不会给出任何理由。那么问题来了，银行怎能允许一个无法解释的机器来掌管成千上万亿笔交易的"生杀大权"？这也太不可控

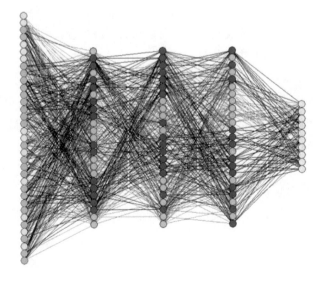

了吧?

　　我们想解释 AI,不仅是因为好奇,更是因为某些时候AI一旦犯错,会让我们付出很大的代价。"理解"是每个生命的本能。AI+解释程序,在未来很可能合并为"可解释的AI",让人工神经网络的黑盒不黑。

　　自动驾驶公司Drive.ai就在做这样的尝试。他们在人工智能汽车上装载了一个屏幕,一辆汽车看到行人就会停下来,与此同时,它会通过显示屏告诉行人,"我在礼让您过马路"。同样,在它并道超车或者转弯的时候也会给身边的车辆进行文字提示,告诉人类它行动的意图。

　　这种"自我解释",会让"冰冷"的技术变得"有温度"。

　　同样,"可解释的 AI"还能做更多的事情。

　　在未来,人们会把"AI+解释程序"用于 DNA 研究,AI 很可能会告诉人类,哪个基因对应着哪种疾病,如何调整用药可以让人获得健康的同时,又付出最小的代价。而这一切，都是有理有据的。

在此基础之上，借助AI我们可以把人类攻克癌症的时间点大大提前。果真如此的话，很多人的命运里就少了一场遗憾的生离死别。

1.9 〉 强化学习无师自通

强化学习（Reinforcement Learning）是一个机器学习大家族中的分支，由于近些年来的技术突破，其和深度学习（Deep Learning）的整合，使得强化学习有了进一步的运用。比如让计算机学着玩游戏，AlphaGo挑战世界围棋高手，都是强化学习擅长的领域。

在2017年，深度学习和人工智能都取得了惊人的进步，尤其是DeepMind的AlphaGo系列，令人记忆犹新。其中，AlphaGo Zero这个版本更是取得了惊人的突破：三天内通过自我对抗赛，超过了AlphaGo 的实力，赢得了100场比赛的全胜！21天内达到AlphaGo Master的水平，并在40天内超过了所有旧版本。知名计算机科学研究员Xavier Amatrain称它比"机器学习"中"过去5年的成果加起来都重要"。

AlphaGo Fan   AlphaGo Lee   AlphaGo Master   AlphaGo Zero

强化学习是一类算法，是让计算机实现从一开始什么都不懂，"脑袋"里没有一点想法，不断地尝试从错误中学习，最后找到规律学会了达到目标的方法。这就是一个完整的从无到有的强化学习过程。

比如，AlphaGo让机器头一次在围棋场上战胜人类高手，让计算机自己学着玩经典游戏Atari，这些都是让计算机在不断的自学尝试中更新自己的行为准则，从而一步步学会如何下好围棋，如何操控游戏得到高分。

强化学习不依赖数据的标签进行学习，而是依赖自己积累的反馈。这种情况更贴近人生规划，有时候你做出一个让人生更美好的决定，比如作息一定要规律，但发现反馈只是胖了一点。这对最终人生是好是坏呢？这需要大智慧来判断。甚至，强化学习就是人工智能的终极方法和理论极限，等待有志者去深入研究挖掘。

1.10 > 面对人工智能，与其恐惧，不如拥抱

如之前所言，人工智能在做决策判断时还有很多的解释性问题，可能还蕴藏着未知的风险。

而未知天然就会引发恐惧。我们是否该纵容自己的恐惧呢？

 看看汽车代替马车的历史：

150年前，汽车刚被发明出来时，被认为是怪物。那时候伦敦城满街跑的都是马车，从旁边冷不丁"杀"出一辆汽车，经常会挑战马儿脆弱的小心脏。受惊的马引发了不少事故。汽车本身的安全性也堪忧，翻开一张英国报纸，一张漫画映入眼帘：汽车爆炸，坐车的人血肉横飞。

用这种危险的玩意儿代替伦敦城优雅的十万匹马，人们不答应。

听取了群众的呼声，1858年英国实施了《红旗法》，规定汽车在郊外的限速是4码，市内的限速是2码（比走路还要慢），还要在汽车前面有专人步行手持红旗，提示大家"危险请勿靠近"。

下图是《红旗法》颁布之后伦敦街头的景象。

今天随处可见的汽车，曾经被人当作洪水猛兽一般对待。当时人们的恐惧，在后人看来近乎笑谈。我们的恐惧最终不能改变什么，就像"危险"的汽车最终还是走进了人们的生活。

19世纪末，卡尔·本茨发明了内燃机汽车。有一次他载着当地官员上路。由于有《红旗法》类似的法规限制，德国汽车时速不能超过6公里，所以只能龟速前进。

突然后面一辆马车超了过去，车夫回头大声嘲笑他们。

官员大怒，对本茨大喊："给我追上去！"

本茨故作无奈："可是政府有规定呀！"

"别管什么规定！我就是规定！追！"官员大叫。

听闻此言，本茨一脚油门踩下去。他们的汽车立刻超越了马车，从此，再没有被追上过。

同样，随着技术的落地，不断跟进研究，才是对人工智能最负责任的态度。可怕的问题都来源于没有意识到和不了解。只要意识到并开始去了解，最终问题都能解决。

面对快速发展的人工智能技术，我们与其恐惧，不如一起了解、学习、实践应用人工智能，拥抱这项改变世界并影响每个人生活的新兴科技。

第2章

体验人工智能

　　"机器学习"是人工智能领域非常热门的话题，但在很多情况下，无论怎么解释，你似乎都不明其意。本章给大家精选了几个非常好玩的AI应用工具，它们可以让你亲自感受将一台普通计算机和手机变成人工智能机器的乐趣，整个过程完全不需要编写代码，甚至连小孩都可以轻松掌握其中的技巧。下面让我们一起体验人工智能的神奇吧。

2.1 ➤ 基于深度学习的中国古典诗歌自动生成系统

　　项目地址：https://jiuge.thunlp.cn//

　　你想创作一首私人订制的小诗吗？方法很简单，只要打开下面这个页面（建议在PC端用最新的Chrome浏览器打开）就可以进入九歌计算机诗词创作系统了。

　　九歌计算机诗词创作系统会根据你点击的诗歌类型与输入的主题词，计算生成人机难辨、让人叹为观止的诗歌，俨然一位人工智能小诗人。

　　整个诗歌创作过程就三步：输入限定条件、用云端训练好的模型计算、显示输出一首符合指定条件的诗歌。

下面就是作者输入自己姓名作为主题词创作的五言藏头诗，十分押韵，你也来试试吧。

点击界面里的"生成图片并分享"链接，还能生成漂亮的诗图，更添意境。生成的二维码还能方便大家交流分享，是不是很酷？

生成诗歌后，页面下面有个打分系统，一共五级评价，从高到低分别是：妙笔生花、文从字顺、差强人意、初识文墨、不堪卒读。

通过用户打分反馈，九歌计算机诗词创作系统还会自动学习，不断地自我进化，变得更加完善。

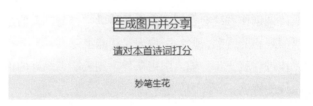

"九歌人工智能诗人"是怎样练成的?

"九歌"中输入了30多万首唐朝以来的古诗作为语料库,利用深度学习模型让计算机学习。除了对诗句平仄、押韵规定外,并未人为给出任何规则,而是让计算机自己学习古诗中的"潜规则"。

每首古诗像一串项链,项链上的珠子就是字词。深度学习模型先把项链彻底打散,然后通过自动学习,将每颗珠子与其他珠子的隐含关联赋予不同权重。作诗时,再将不同珠子重穿成新项链。

目前人工智能创作是颇受限制的,理论上并未超出古人在千百年诗歌创作实践中 "界定"的创作空间。古人写诗是"功夫在诗外",常根据经历有感而发,有内容有意境,而机器暂时难以做到"托物言志"或"借景抒情"。

不过,人工智能可提升专业创作者的效率,"如在写作时想不到用某个词,但人工智能为你联想出一个词,让你发现原来可以这么写。"对普通人而言,"九歌"等人工智能创作系统可降低创作门槛,实现"人人都可以是诗人、画家或音乐家"的梦想。

古人作诗多为抒发情志,风格偏悲愁,这也让"九歌"写的诗有些"伤春悲秋"。团队希望通过强化一些轻松情绪样本的训练,让"九歌"变得积极一些。此外,如何在保证全诗一致性的基础上写出更长的诗歌,也是新挑战。团队未来计划对"九歌"系统升级,还要让它判断人作诗的好坏,如在韵脚、平仄方面是否有误,在遣词造句方面是否词不达意或句不成篇,帮助人改进创作技能;还可通过大数据对古代文献进行人文计算、定量分析研究。

2017年11月23日晚,"搜狗杯"第二十一届清华大学智能体大赛总决赛举行。大赛现场从"琴棋诗画"四个维度展现了最新的AI技能,并对人类发起挑战,让人们惊呼:没想到,在传统文化艺术领域AI竟然也这么厉害了!搜狗CEO王小川作为这项赛事的发起者出席了活动,并且表示"今天我们清华自己的技术有了翻天覆地的变化,智能体大赛也有了巨大的升级——从游戏走向更有人文色彩的琴棋诗画,从中可以看到AI的巨大升级"。

清华大学智能体大赛是清华校内的重点赛事,自1997年创办以来,吸引了大量学生关注并参与其中。在当晚的活动中,清华计算机系的最新人工智能研究成果进行了发布,在"琴棋诗画"四个环节中,以人机PK的方式进行了形象的展示,向到场的同学们进行了生动的AI知识科普。

2017年3月上线以来,"九歌"不断刷新人们对于机器作诗能力的认知,而8个月后,在清华自家举办的大赛上,"九歌"的创作能力继续提升,达到了难辨人机的地步。现场清华教授也表示很难分清哪些是机器所作,哪些是人类所作。而最终获得全场最受欢迎的诗歌更是由"九歌"系统而作,也引起了大家一阵惊叹。

2.2 ❯ AI猜画小能手

项目地址:http://exhibition-quickdraw.blackwalnut.tech/

下面给大家介绍人工智能猜画能手——"小胡桃猜画"。

进入页面后,稍等片刻,小胡桃会给你一个名词,点击屏幕拖动即可开始进行绘制,等你提笔后,小胡桃会尝试猜测你画的东西并在下方显示出来。如果不小心画错了,可以点击"擦除"按钮清空屏幕;如果觉得太难了,可以点击"下一个"跳过。

BlackWalnut Labs.

请画出: 龙

我猜这是: 太阳

[擦除] [下一个]

梨 ✓　　桶 ✓

雪花 ✓　　甜甜圈 ✓

雨伞 ✓　　梯子 ✓

技术
解密

人工智能是如何看懂你的画的?

　　当大家体验过这个Demo案例之后不难发现这其实就是个分类器。分类器使用用户绘制的图案作为输入数据,最后输出分类的结果。

　　原理就是AI把所有画收集到数据库,就能识别出不同概念和事物的特征属性,最后判断你画的到底是什么。

　　其技术核心是"超过5000万个手绘素描的数据群"和"AI的神经网络驱

动"这两大关键。接下来我们就从这两个技术入手，看看这里酝酿着哪些黑科技。

首先，这款网页应用是使用谷歌人工智能识别技术开发出来的。我们就从数据的部分入手，看看谷歌都从哪得来这么庞大的图形数据库。

5000万手绘素描数据来自哪里？

按照机器的运行逻辑，不难猜出AI猜画的核心在于"数据"和"识别"这两大核心技术。只要有了强大的数据库支持，再经过机器的筛选和识别，自然就能够轻松地识别出你画的是什么东西了。数据库中的有效样本越多，那么识别的准确率也会越高。其实这个道理也可以同样应用于人身上：人的阅历越丰富，就越容易做出正确的决定。

那么问题来了，Google AI的数据都是从哪里来？其实早在2016年，Google就推出了一个网页版的《快速涂鸦》小游戏。

Quick, Draw! The Data   ⌒ Get the data   ✎ Play the game   ⟨

What do 50 million drawings look like?

Over 15 million players have contributed millions of drawings playing Quick, Draw!
These doodles are a unique data set that can help developers train new neural
networks, help researchers see patterns in how people around the world draw, and
help artists create things we haven't begun to think of. That's why we're open-
sourcing them, for anyone to play with.

Select a drawing
↓

超过5000万个手绘素描的数据群就在这里。

按照《快速涂鸦》的网页提示，我们来到了涂鸦数据的大本营。这里汇集了全球1500万玩家贡献的超过5000万份的涂鸦数据。在Google看来，这些涂鸦是一个独特的数据集，可以帮助开发人员训练新的神经网络，帮助研究人员了解世界各地的人们如何绘画，并帮助艺术家创作。

我们点开"apple"这个样本，会发现其实Google已经通过这个小游戏收

集了139898个有效的数据样本。无论你是来自世界的任何一个地方，只要你见过苹果，那么苹果在你的意识中的样子基本不会超出这139898个样本之外。这也就解释了Google AI为什么能够如此快速地识别出你画出的图形，因为这个数据库实在是太过于强大了。

AI人工智能就是赋予机器像人一样的逻辑和思维能力。而数据和决策，对人或者是对机器都是同等的重要。人工智能是靠大数据"知识库"的滋养不断完善、进步的。

2.3 ➤ AI 抠图——PS再也不用找专业设计师

项目地址：https://exhibition-insight.blackwalnut.tech/

AI 抠图是一种利用人工智能技术在浏览器上实时对图像进行语义分割的探索，这种技术还可以用在浮空弹幕、制作表情包等多个场景中。

打开下面这个页面即可访问。体验的时候，请对着摄像头，保证人像处于摄像头的正中位置，点击"抠图"按钮可以看到效果（模型载入时间会比较长，请耐心等待）。

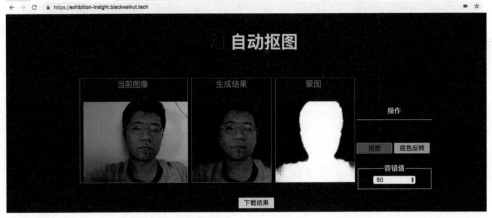

AI抠图的技术具体是怎么实现的呢?

在了解技术过程前,我们要先了解一个专业名词:语义分割。

语义分割是计算机视觉中的任务,在这一过程中,我们将视觉输入中的不同部分按照语义分到不同类别中。通过"语义理解",各类别有一定的现实意义。例如,我们可能想提取图中所有关于"汽车"的像素,然后把颜色涂成蓝色。

语义分割让我们对图像的理解比图像分类和目标物体检测更详细。这种对细节的理解在很多领域都非常重要,包括自动驾驶、机器人和图片搜索引擎。

而这个Demo就是通过语义分割模型将人像部分与背景部分剥离。具体实现一个AI抠图的案例需要完成以下几步：

    ① 收集加载数据集；

    ② 构建一个语义分割模型；

    ③ 用数据集训练模型；

    ④ 使用训练好的模型对图像抠图处理。

    下图就是数据集的样本。

    左侧是原图，中间是模型输出的图片，右侧是将原图和输出结果进行了合成后的图片。

    语义分割的神经网络模型，通过大量带输出结果标签的数据来训练，随着不断地训练，模型的输出准确率不断提升，最终能准确地对照片语义分割，实现人工智能自动人像抠图。

2.4 ＞ AI植物专家——带你认识身边植物

    我们经常遇到这样的状况：

    "给你看我拍的花儿。"

"好美呀，这是什么花呀？"

"……"

"这是我偶遇到的一朵小野花。"

"边儿上的绒毛在光下挺好看的嘛，这是啥花呢？"

"……"

让识花神器——形色APP，解决你的尴尬和烦恼。

"形色"是一款基于人工智能深度学习技术实现辨识花草的App，类似上面介绍过的分类器。拿起手机对准植物拍照，"形色"就能告诉你植物的名字。目前"形色"可以识别4000多种植物，识别率为90%。

打开"形色"，点一下拍照按钮，对准植物进行拍照，形色App很快就给出识别结果，可以进行比对。

耧斗菜

夏日阳光里，耧斗菜盛放

耧斗菜

夏日阳光里，耧斗菜盛放

· 植物文化 ·

传说在古老的希腊，为了维护自己的家园，男人们
几乎都加入了战争，而战争则是近距离的搏斗。因
为耧斗菜生长在沟谷深处的乱石堆里，所以几乎见
证了人们大多数战争，当然也见证了胜利的一方。

—— 相关推荐 ——

高调分享

艺术风美图等你来晒

桃花坞里桃花庵
桃花庵下桃花仙
桃花仙人种桃树
又摘桃花换酒钱
——唐伯虎

拍了好看的花，"形色"能帮你分享到朋友圈，四个不同的分享模板，让你拍的植物瞬间有文艺气质。

"形色"有一个植物地图——遇见。通过缩放地图，能查看全世界的植物和赏花景点，点击地图上的图片，就能查看植物的信息，知道哪里的花开了，周末去哪里赏花，偶尔也去别的大洲看看花，感受异域的植物风情。

"形色"每天更新植物美文，精选植物大V的内容分享；每天更新植物壁纸，配上一句精神导语；花间趣谈每天有各种话题，每次浏览总能收获很多，不会种花的学会种花了，不会拍花的学会拍花了，以花会友，分享美好。

"形色"是一款很纯粹的植物App，页面设计清新，识别功能强大，最新版本还加入了果蔬识别功能。让这位AI小助手给你的生活带去更多方便和乐趣吧！

2.5 ▶ AI 绘画魔术师——不同绘画风格融合

项目地址：https://github.cm/CunNH3/updateAPKs/raw/master/style-v2.apk

阿狸魔术师是一个能够将图片加上任意风格的AI应用，这个应用富有趣味，不限制风格的数量，也无须事先训练风格图片。服务端使用Python编写，提取任意图片的风格特征，魔术般地附加到目标图片上。

阿狸魔术师主页面如下图所示。

左侧是原图，右侧是待选的风格图，下面是风格转换之后的图片。

阿狸魔术师风格转换原理框图如下。

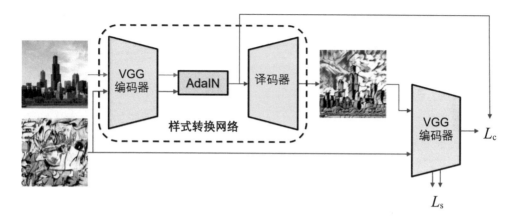

首先使用VGG-19网络对原图和风格图进行特征提取,将特征编码后在数字域使用AdaIN(自适应实例归一化)算法将风格图特征赋予原图,最后经过解码器将数字域结果解析成图片展现出来。风格转换结果好不好由L_c和L_s的如下关系来描述:当$L_c+\lambda L_s$最小时,我们就认为风格转换的结果是最好的。L_c是转换图和原图的特征损失值,L_s是转换图和风格图的特征损失值,λ是一个调节系数。

2.6 > AI识数——智能识别数字

项目地址:https://github.cm/CunNH3/updateAPKs/raw/master/recognise-v2.apk

阿狸识数是一个能够识别手写数字0~9的应用,你可以在手机上手写数字,识别成功后会在屏幕上打印出识别结果。它使用已经训练好的MNIST数据集来识别你写的数字,整个训练过程就像教一个小孩子认数一般有趣。识别数字对于学习人工智能来说,就像打印出"Hello World"对于学习编程一样基础而且重要,通过这个应用,初学者能迅速入门,并且能体会到机器学习的乐趣。

阿狸识数应用主页见右图。

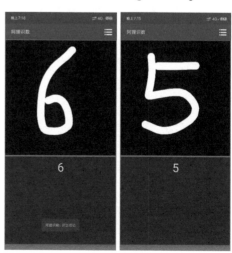

阿狸识数体系结构见下图。

识别原理简介：

　　手写之后的数字图片像素点特征会被转换为28×28的二维矩阵进行数据存储，进而再被转换为一维的数组。MINIST数据集采用60000行的训练数据和10000行的检测数据进行预先训练，每个图片数据都带有对应数字的标签。训练完成以后它基本就可以确定某个数字会带有对应的像素点特征，比如说"1"这个数字的像素点特征是"有连续的、呈直线的像素点集合"。如此以后，当它再次"看到"有类似于"1"这个数字特征的图片时，它就能输出对应的概率，当然它也可能会输出"7"这个数字对应的概率，因为"7"也具有类似于"1"的特征。

第3章

让你的创客作品变"智能"

3.1 ❯ mDesigner简介

mDesigner是美科科技有限公司（官网网址https://www.microduino.cn/）研发的图形化编程软件，它基于Scratch 3.0定制开发。mDesigner除了可以完成基本的Scratch交互动画程序，还可以连接美科公司旗下的硬件产品，完成硬件开源创意项目的开发。熟悉Scratch软件的朋友，可以很快接受这个编程环境。

mDesigner 1.5版本以后更增加了人工智能模块，可以实现表情识别、植物的鉴别、语音识别、语音合成、自动翻译、人工智能交互六个方面的人工智能体验项目。

本章我们就基于mDesigner和美科的mCookie人工智能套件，完成特色的人工智能项目。

mDesigner的下载地址为美科官网https://www.microduino.cn/，在资源中心的下载频道中下载本程序。本书中使用的软件版本为V1.6.3。

3.2 ➤ mDesigner界面介绍

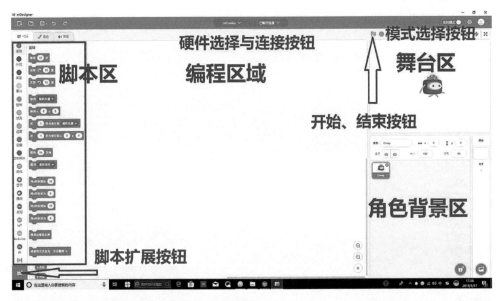

脚本区： 按分类陈列的图形化程序模块。

模块	内容
动作	设置角色位置、方向、移动的模块
外观	角色大小、颜色、说话与舞台背景设置的模块
声音	播放声音、音调的模块
事件	当遇到什么条件，触发对应操作：最常用绿旗被点击开始程序，以及广播内容
控制	等待、条件和循环等
侦测	检测舞台或角色的各个动作：碰到鼠标，碰到颜色，询问与回答等
运算符	加减乘除，比较，与或非，字符串操作，随机数

模块	内容
变量	设置和引用变量
函数	自定义程序模块

编程区域： 将程序模块拖动到编程区域，程序模块完成编辑。

舞台区： 动画的播放窗口，只有处于舞台的角色，才能被显示出来。

角色背景区： 用于添加其他角色和背景。

脚本扩展按钮： 用于扩展需要的开源硬件的图块程序。

硬件选择和连接按钮： 开源硬件在连接USB口后，需要在连接设备按钮处选择对应端口，才能实现交互程序。

动画开始与结束按钮： 用于动画的开始和结束。

模式选择按钮： 用于选择mDesinger程序的运行模式。

上传模式时，烧录完程序之后，可以断开硬件与计算机的USB连接，实现开源硬件的独立运行。

实时模式： 电子器件必须时刻与mDesinger所在电脑相连，可以实现Scratch型交互式动画。底层代码基于Python，可以使用Python代码进行程序的编写。AI模块必须工作在实时模式下。本文的mDesinger软件界面实质上是实时模式的编程界面。

3.3 ❯ 智能收音机的制作

经典的收音机，外形是什么样子的呢？大多数收音机，拥有方正的六面体主体结构。收音机前侧主要包含两部分：尺寸巨大的单个喇叭，用于发出洪亮的单声道音乐，音质的好坏和声音大小，都靠它来决定；机械式面板用于显示当前电台的频率。收音机上侧最醒目的是可以伸缩和旋转改变方向的金属天线，它决定着电台信号的强弱。另外，可以放倒的提手，让人们可以方便地提起收音机。收音机侧面最为醒目的就是圆柱形状的调频按钮，它用来调节不同的电台频道。

下面我们就使用3D打印技术、mCookie创客套件和mDesigner设计制造一款人工智能型收音机。

智能收音机是一个集怀旧情怀与3D打印、

人工智能技术于一体的结合型作品，成品图如右图所示。

它的人工智能技术主要体现在以下几点：语音命令的识别、传感器数据语音合成报读、在线语音助手。

（1）工作流程

① 触摸按键激活语音识别。

② 当语音关键词包含"开灯""关灯""室内温度""音乐"时进行本地设备的控制操作，实现开关灯、室内温度播报、音乐播放功能。

③ 当语音关键字包含"回答"时，调用互联网语音助手，对使用者的提问进行在线语音回答。

（2）所需电子器件

序号	名称	图片	作用
1	mCenter+		系统的核心、集成USB程序下载、蓝牙、传感器转接板和850mA·h锂电池
2	触摸传感器		用于激活语音识别AI程序模块
3	LED灯	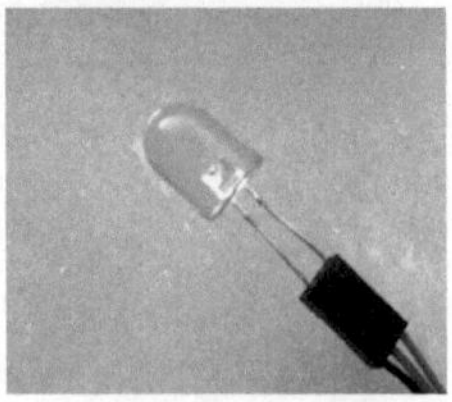	夜灯光源（正极信号、负极GND两个引脚）
4	光线传感器		用于检测环境光线强度

序号	名称	图片	作用
5	时钟模块		获取时间信息
6	OLED显示屏		显示时间信息
7	蜂鸣器		发出简单的音乐
8	模拟角度传感器		调节LED灯的光线强弱
9	温湿度传感器		检测环境温湿度值
10	红外发射器		发射红外信号，用于控制带有红外接收器的电器或装置

(3) 功能分配

智能收音机壳内部放置mCenter+堆叠RTC时钟实现时间读取与系统控制，传感器Hub上连接传感器、蜂鸣器和高亮LED灯，实现环境的环境感知、声音和光的发生。为了传感器测量温度尽可能准确，同时为了声音和光线能够通畅地与外界交互，传感器和小喇叭固定在收音机的前、上和左侧壳体上。

传感器、小喇叭、LED灯与传感器Hub的端口关系如下：

端口	器件	端口	器件
A0/A1	光敏传感器	IIC	OLED显示屏
A2/A3	空	IIC	温湿度传感器
A6/A7	模拟角度传感器	0/1	空
12/13	蜂鸣器	2/3	红外发射器
10/11	LED灯	4/5	空
8/9	触摸传感器	6/7	人体红外传感器

传感器、小喇叭、LED灯与外壳的位置关系如下图所示。

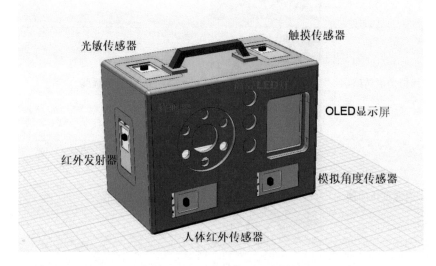

(4) 外壳部分的3D设计

制作电子元件与3D打印项目成功的关键是尺寸的确定工作，如果3D打印零件尺寸过小，最终的结果是电子元件放不进3D打印的壳里面；3D打印零件过大，又造成不精准的问题。设计一个尺寸精准的3D打印零件关键点归纳如下：

精确测量好电机元件的尺 寸建议用游标卡尺	作图前画预留空间并考虑 走线位置区域	在预留空间的基础上建造 3D模型

3D One教育版2.3版本以后，增加了电子件功能。我们可以通过电子件功能，自动且精确地给电子元件预留空位，这个功能大大地降低了我们设计电子结合型作品的难度。下面，我们就来完成一个漂亮的智能收音机。

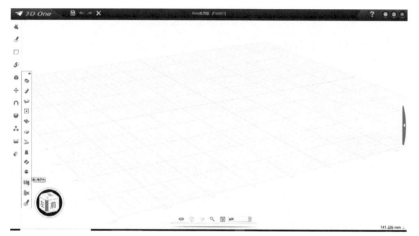

扫一扫，看视频

收音机主体的设计：收音机主体是个正六面体，然后在前、上、左三个面挖制电子器件孔。

① 收音机主外观设计　使用【基本实体】中【六面体】命令，在草图中心点绘制长宽厚分别为120mm、90mm和70mm的六面体。使用【特征造型】中【圆角】命令对六面体前边和侧边的8条边进行半径为2.5mm的圆角。切换到后视图，使用【特殊功能】中【抽壳】命令，对六面体进行－2.5mm的抽壳，开放面选定为收音机主体的后面。至此完成收音机主体的制作。

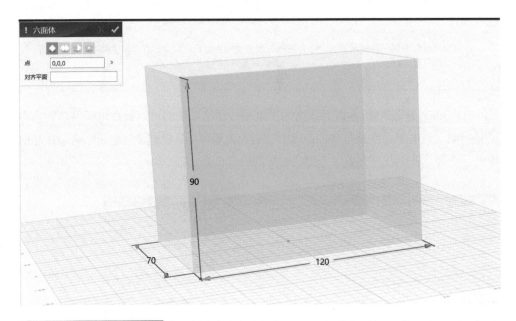

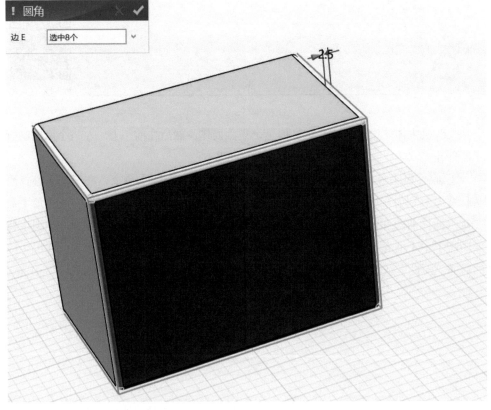

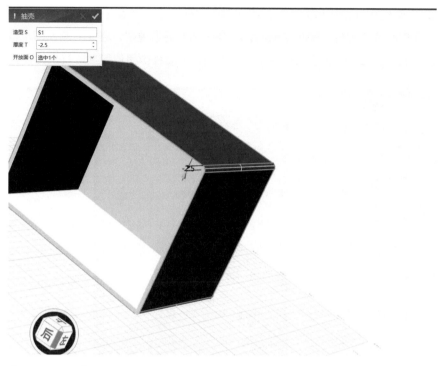

② 收音机主体前面板传感器孔位的设计 收音机前面板中包含液晶显示器、扬声器、模拟旋转和光敏电阻四个孔位。其中传感器孔位可以使用电子件功能自动高效地制作。使用【特殊功能】中【插入电子件】命令，在前面板主体下侧绘制两个传感器的孔位。参数中供应商选择美科，类型选择光敏-模拟传感器、旋转方面为90°。

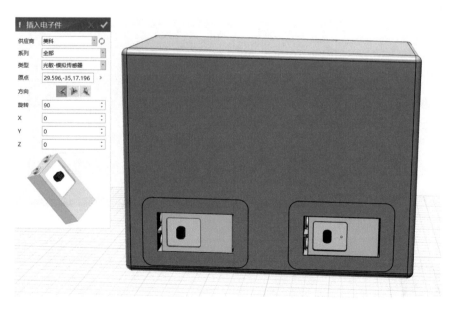

③ 左面板孔位设计和上面板传感器制作方法与上一步命令相同。视图切换为左视图，在中心位置进行左侧孔位的制作。视图切换为上视图，完成上侧面两个传感器板孔位的制作，两个传感器孔位位于左右两端，上面板中间位置预留拉手位置。

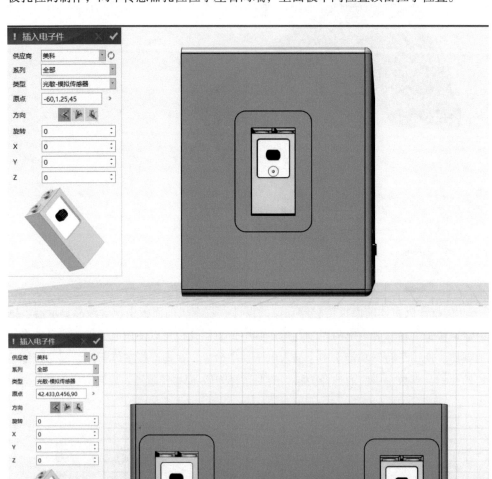

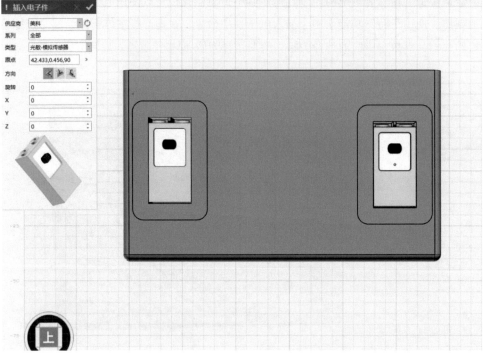

④ 收音机主体液晶显示器构件制作　电子件中无液晶显示器尺寸的选项，但可以参考尺寸一致的零件尺寸的方式半自动绘制孔位。使用插入电子件中核心模块的方式参考液晶显示器的尺寸，核心板位置要与底侧传感器靠近。原因在于收音机主体上侧存在传感器孔位。使用【草图绘制】中【参考几何体】命令，在前面板上按照核心板尺寸绘制液晶孔位草图，使用下侧隐藏几何体命令隐藏核心板。使用【特征造型】中【拉伸】命令【减】操作，完成－2.5mm的拉伸，从而去除液晶显示器的孔位。在完成孔位设计后，继续使用【草图绘制】中【参考几何体】命令和【草图编辑】中【偏移曲线命令】依照液晶孔位的曲线，向外2.5mm完成侧壁曲线的绘制，之后使用【特征造型】中【拉伸】命令【加】操作进行－5mm的拉伸，完成侧壁的绘制，从后视图查看完成效果。液晶底托也是依照侧壁步骤进行绘制，不同点是需要参考侧壁外沿曲线绘制底托曲线，且向内偏移－5mm。拉伸尺寸为2.5mm，至此完成液晶孔位与卡槽的制作过程。

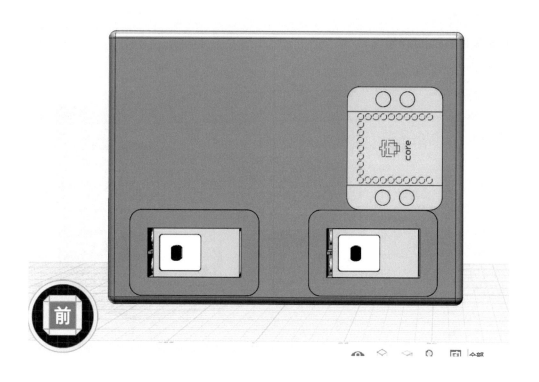

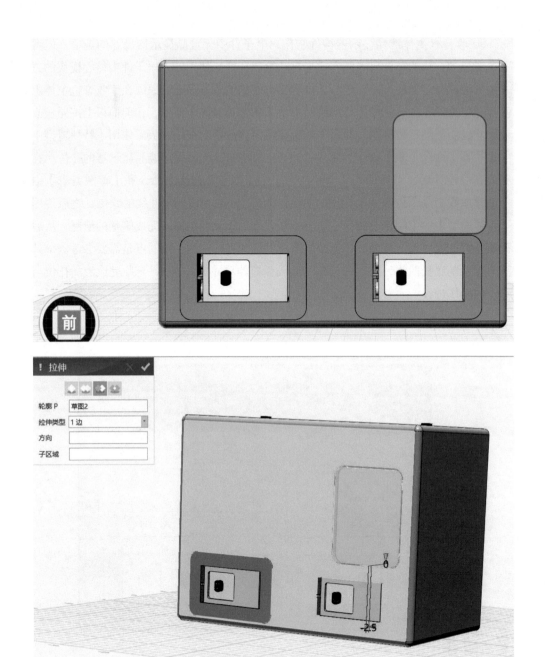

▪ ▪ ▪ ▪ **人工智能从入门到进阶实战**

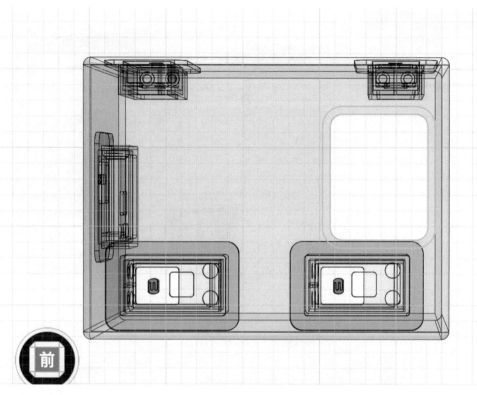

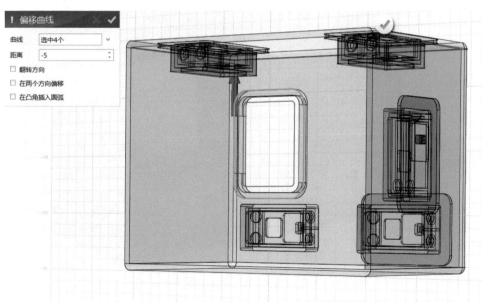

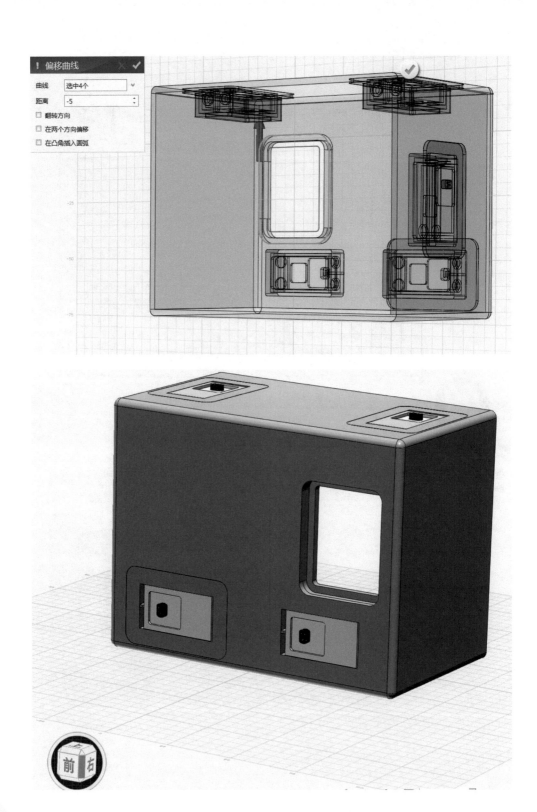

⑤ 收音机主体喇叭构件的制作 喇叭孔位依照半径为20mm的小喇叭制作孔位尺寸，为了作品美观采用了前面凹陷效果。凹陷轮廓采用【草图绘制】中【圆】命令绘制半径为20mm的圆，位置在前面板左上侧，注意不要影响传感器的卡槽，然后使用【特征造型】中【拉伸】命令进行－2.5mm的【减】操作，完成孔洞设计。切换在后视图，在孔洞曲线的基础上使用【草图绘制】中【参考几何体】和【草图编辑】中【偏移曲线】命令向外侧进行2.5mm的偏移，完成喇叭孔位前面板草图的制作，删除原曲线完成面板的制作。使用【特征造型】中【拉伸】命令进行2.5mm的【加】拉伸完成喇叭面板制作。使用【草图绘制】中【原】命令在喇叭面板中心位置绘制半径为9mm的圆。之后在中心圆的四周结合【草图绘制】和【圆】与【基本编辑】中【阵列】命令，【圆形阵列】出6个半径为3mm的圆。之后使用【特征造型】中【拉伸】命令的【减】操作，完成发声孔的制作。继续使用【草图绘制】中【参考几何体】和【草图编辑】中【偏移曲线】【特征造型】和【拉伸】命令，在喇叭面板基础上完成喇叭固定环。至此完成喇叭构件的制作。

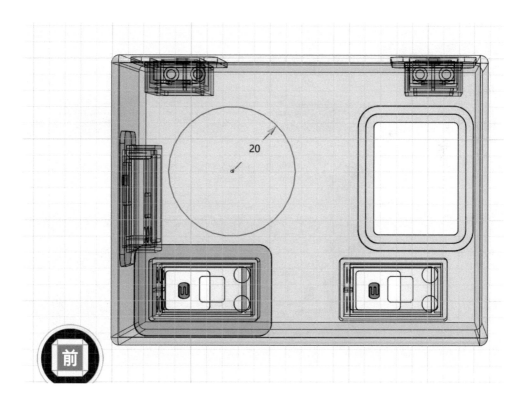

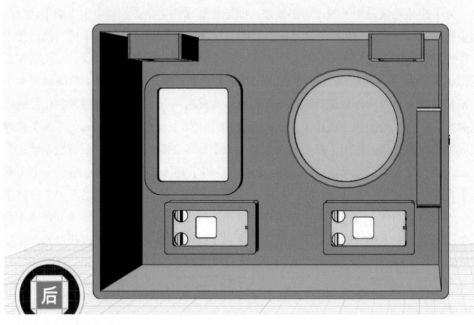

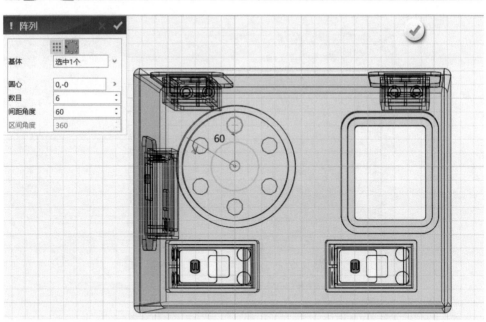

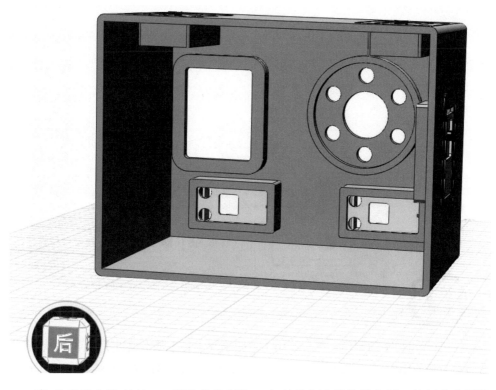

⑥ 收音机主体高亮LED等孔位的制作　在喇叭和液晶构件之间，使用【草图绘制】中【圆】和【基本编辑】中【阵列】命令完成距离为15mm的3个LED的孔位绘制，然后使用【特征造型】中【拉伸】命令进行【减】拉伸，完成孔位制作。

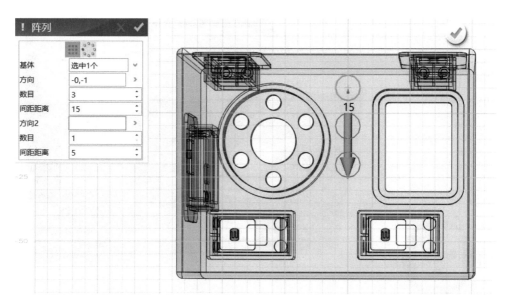

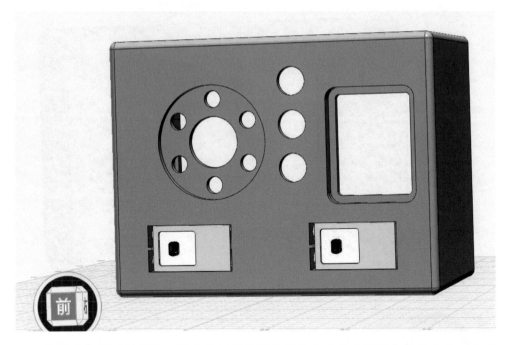

⑦ 收音机提手的制作　综合使用【草图绘制】和【基本编辑】拉伸命令，完成收音机拉伸的制作。

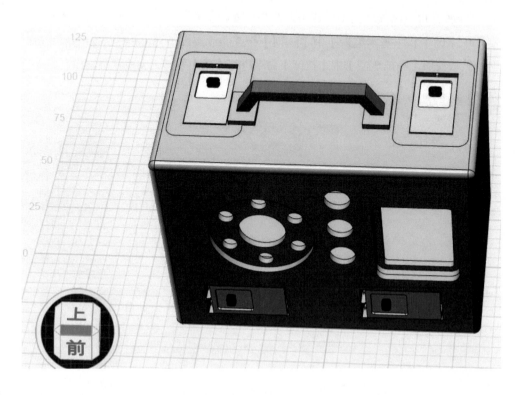

⑧ mCookie电子件固定槽　后视图中，收音机主体内侧下面，使用【草图绘制】中【矩形】命令，绘制大小为67mm×45mm的矩形。然后使用【特征造型】中【拉伸】命令，进行5mm的加拉伸，完成mCookie固定槽。

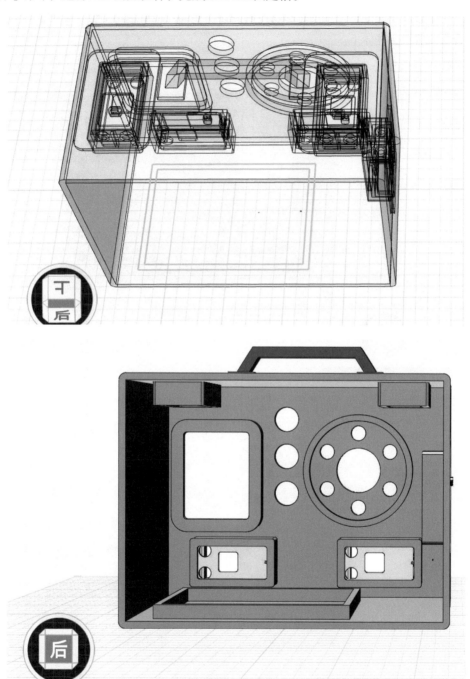

⑨ 后盖卡扣　后盖卡扣需要在后视图中参考收音机后面内侧线,使用【草图绘制】中【参考几何体】和【草图编辑】中【偏移曲线】命令完成曲线绘制。拉伸时需要使用【特征造型】中【拉伸】命令,进行2.5mm的基体拉伸。之后使用【基本编辑】中【移动】命令,使用动态移动向内侧移动5mm。最后采用【组合编辑】将卡扣组合在收音机主壳体上。

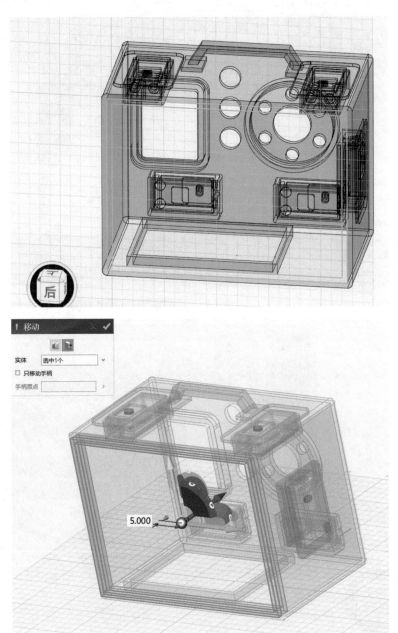

▪▪▪▪ 人工智能从入门到进阶实战

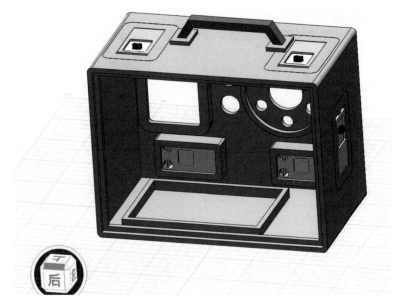

⑩ 收音机后盖的设计　后视图中参考收音机后面内侧线，使用【草图绘制】中【参考几何体】参考收音机主体的内侧曲线，完成后盖曲线绘制。然后使用【特征造型】中【拉伸】命令，进行2.5mm的基体拉伸。最后去除USB线的走线孔完成后盖设计。完成效果见下图。

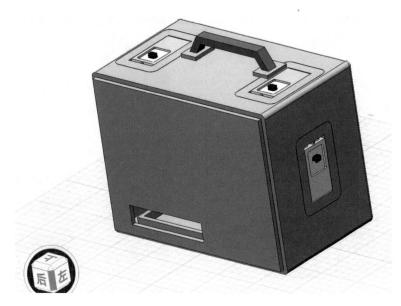

将收音机主体与后盖分别保存为stl文件，使用3D打印机打印完成外壳的制作过程。

（5）智能收音机的程序设计

① 编程思路　程序调用了AI模块，所以需要在mDesigner中使用在线模式下运行程序。

② 程序步骤　a.绿旗被点击时，执行死循环，从而保证程序能够持续执行。b.当触摸传感器被触摸时（数字低电平），触发语音识别模块，并使用变量存储语音识别结果。c.判断语音识别结果是否包含"开灯""关灯""温度""音乐"等特殊词汇，符合特殊词汇时，执行开发板本地设备的控制。d.不满足特殊词汇时，执行在线语音助手功能。使用语音助手，回答语音输入的提问。

具体程序见下图。

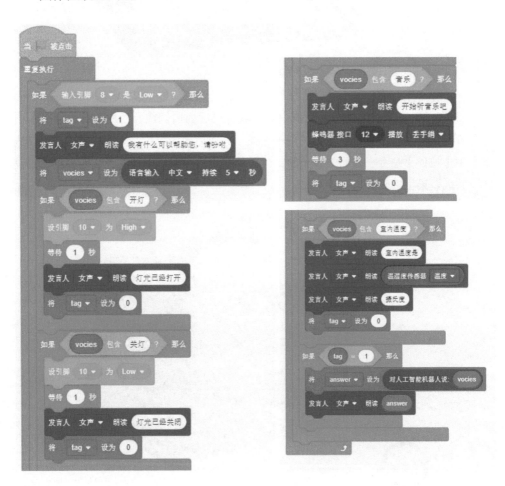

进阶篇

第4章
图形化编程
搭建神经网络深度学习系统

4.1 初识TensorFlow

TensorFlow，你有没有听说过？TensorFlow是谷歌发布的深度学习开源的计算框架，简单来说，TensorFlow为我们封装了大量机器学习神经网络的函数，帮助我们高效地解决问题。战胜人类围棋世界冠军的人工智能"阿尔法狗"采用的就是这一框架。

TensorFlow让我们方便地利用训练数据通过深度学习神经网络训练各种模型。让训练好的模型可以根据输入给定的条件，准确预测结果。比如本章将要实践的预测数据、图像分类、手写识别等人工智能案例。

TensorFlow本质上是一个工具，本章通过图形化编程讲解，可以让没有代码编程基础的读者，也能学习TensorFlow，初步认知机器学习。

4.2 TensorFlow图形化编程环境搭建

4.2.1 Kittenblock安装

浏览器地址输入 http://www.kittenbot.cn，点选软件。

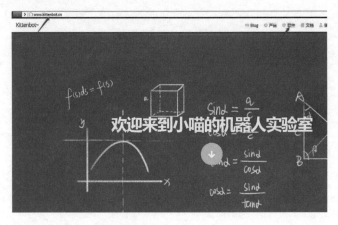

对应下载Kittenblock图形化编程软件，一般下载界面第一个版本就是最新版本了。

本书使用的版本是V1.8.1，下载地址如下：

http://cdn.kittenbot.cn/win/Kittenblock Setup 1.8.1.exe

选择电脑一个默认的位置安装即可，尽可能安装在英文目录下，中文目录软件有时候会出现奇怪问题。

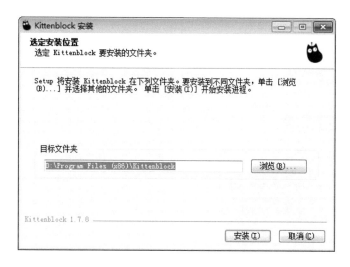

安装完成，打开界面。

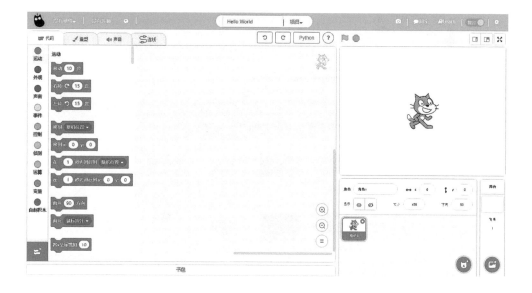

4.2.2 Kittenblock的TensorFlow插件安装

启动Kittenblock 1.8.1后，点击左下角的扩展插件。

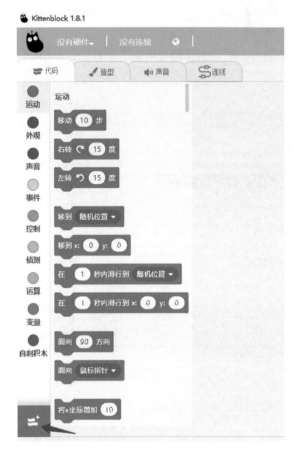

之后在列表中点击安装TensorFlow的插件。

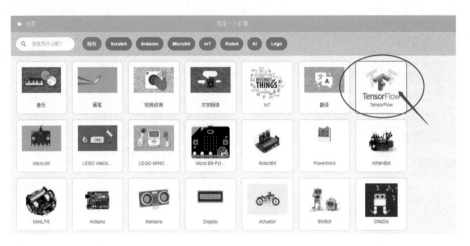

加载插件之后我们会看到TensorFlow有很多的方块，我们会在接下来的案例中讲解每个方块的作用方法。

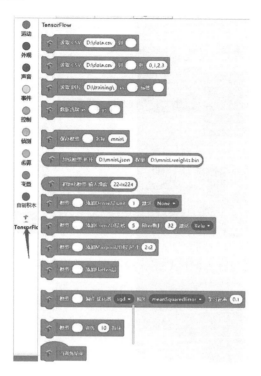

4.3 ▶ TensorFlow图形化编程实现预测数据

4.3.1 预测数据程序界面功能介绍

扫一扫，看视频

如上图所示，画面展示的是小喵作为机器学习的"监督"，通过自定义生成简单倍数关系的数据，训练人工智能掌握数据内部规律，最终实现AI预测数据的过程演示。

画面舞台两侧是可自定义的训练数据。因为只给定五组数据，所以输入与输出数据的规律尽量明显，只呈现出简单的倍数关系。

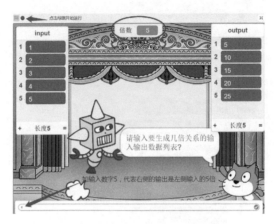

训练结束后可以通过输入测试数据，验证机器学习效果。

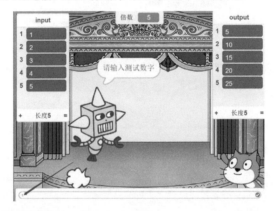

机器人预测出数据的规律，小喵还会执行监督的职责，给出AI预测数据的误差。

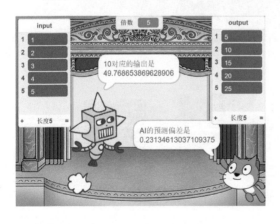

注 左侧列表input中的输入数据是可以自己随意输入的，初始给大家的是从小到大规律的1、2、3、4、5，你也可以试试不按顺序，比如1、5、3、4、2，看看对学习效果有没有影响。

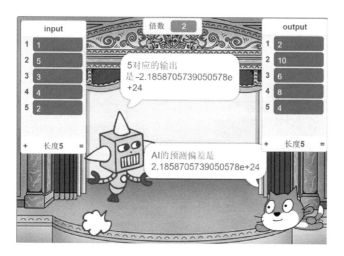

如果你发现只是变更学习数据的顺序就让预测误差变得很大，或者出现Nan的对话英文提示，表明机器学习模型发散、损失（loss）振荡无法收敛，学习失败。先别急，学完下面的代码原理，你就知道如何解决了。

4.3.2 核心代码介绍

首先，我们点开机器人角色，看看机器学习的核心代码。

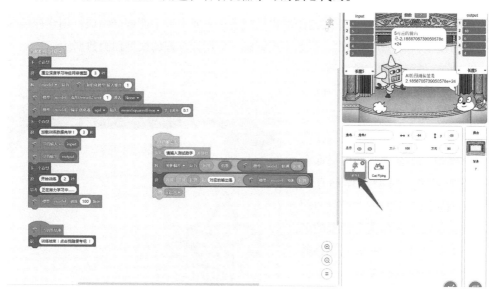

下面详细讲解每一个部分的功能和作用。

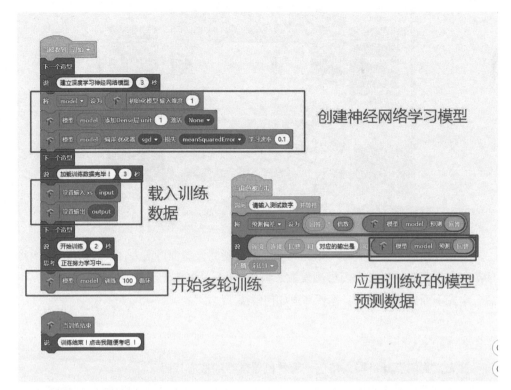

创建神经网络学习模型

载入训练数据

开始多轮训练

应用训练好的模型预测数据

　　TensorFlow机器学习框架的图形化编程模块主要由以下四部分组成：创建神经网络学习模型、载入训练数据、开始多轮训练、应用训练好的模型预测数据。

（1）创建神经网络学习模型

　　因为Kittenblock的TensorFlow引擎支持多个模型同时存在，所以我们需要先定义一个变量指向这个模型。注意这个变量只保存模型的名字，模型实体储存在TensorFlow的引擎中。保存sb3的时候也仅仅是保存这个模型的名字，下次打开程序的时候还是需要重新初始化这个模型，因此，每次打开文件时都要重新走一遍生成模型的过程。

　　首先，新建了一个叫model的变量。

初始化新建一个模型，并赋给这个变量，所有初始化模型操作均需要指定模型变量名。

其中初始化模型里的"输入维度"是模型的输入矩阵尺寸，我们的数据每次只输入一个数，并且每次只输出一个结果，因此这里模型初始化维度设置为1。

之前章节介绍过深度学习神经网络，接下来就要给刚刚初始化的模型添加神经网络结构。由于训练数据的规律很简单，这个案例只需添加一层神经网络，并且这层网络中只有一个unit神经元，激活函数默认None就好。

⚠️ **注意** 这是一个Denselayer类型的层，也叫全连接层。我们模型建立就到这里完成了，但是记住建立完模型后一定要编译模型，就跟我们写完代码要编译程序一样的道理。只有编译后的模型才生效并且可以用于训练，并且TensorFlow引擎会在编译过程自动检察模型有没有错误。

其中优化器指的是模型训练中使用的优化器算法，这里我们使用SGD随机梯度下降优化器算法，loss "损失"是损失函数类型，这里使用解决线性回归问题专用的meanSquaredError均方差函数计算损失率，来修正模型的参数权重。最后一个参数是学习速率，0.05。这三个参数的优化，特别是学习率的优化设置将直接导致模型能够快速收敛，从而学到数据中有用的规律。这三个参数下面还会详细展开介绍。

至此，模型的神经网络结构搭建完成。完整的模型建立方块如下图所示。

（2）载入训练数据

在训练模型之前我们还需要将数据交给TensorFlow引擎。因此，模型结构建立好后，下面需要将训练数据指定给模型，准备开始训练。

> ⚠️ **注意** 我们将数据保存在Scratch的list列表变量中。两个列表分别装有输入和输出数据，本案例在小喵角色里设计了给定倍数自动更新output输出列表的功能。读者可以去掉自动生成数据功能，在两个列表里手动输入含有规律的训练数据。

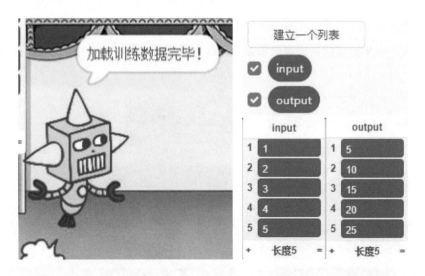

但是TensorFlow引擎不能自动访问这些列表数据，下面我们需要手动将数据指定给神经网络模型。

一般训练数据的输入命名为xs、输出命名为ys。

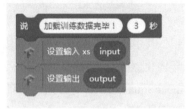

> 🈯 解决线性回归问题的模型中ys表示对应的输出数据。在解决逻辑回归分类问题的模型中ys表示标签数据。

（3）开始多轮训练

　　上面指定完模型的训练数据后，就可以开始训练模型了。其中100表示训练循环的次数，也叫迭代次数，迭代次数也是影响学习效果的重要参数，一般次数越多，训练时间越久，结果误差越小。但是并不是训练次数越多越好，这其中存在过拟合的问题，就像我们考试前做复习题一样，当你同一套题做多次后，会形成题目逻辑的条件反射，知识的迁移能力就大打折扣。就像常说的把题做死没有做活，看似平时练习正确率很高，可一考试，见新题就露原形。

　　当然在增加训练的迭代次数的同时也可以调整模型和训练参数让模型更快地收敛，要理解其中的精妙之处就需要大家去通读机器学习相关的专业书籍了。

　　"当训练结束"的帽子方块也加上提示信息，训练结束的提示很有必要，因为在训练数据或训练循环次数比较多的时候，训练过程可能长达几分钟或几小时。

　　如果电脑CPU比较主流，程序会一瞬间告诉我们训练完成，因为这个模型结构简单，训练数据也只有5组。

（4）应用训练好的模型预测数据

右图这个模型很容易就能看出来，输出应该是输入的6倍关系，那么AI从5组数据中学习出这个规律了吗？

我们这里使用模型预测方块，参数填一个用户输入回答的测试数。

小喵监督员告诉我们这个测试数的误差只有0.056。

以上主要给大家讲解TensorFlow插件最基本的使用方法，对整个流程有一个大致的印象。程序中小喵角色的代码，主要实现的是自动生成训练数据。遍历输入数据列表，乘以指定倍数，生成output输出列表。代码这里不再赘述，如果读者感兴趣请下载源代码进一步学习研究。

如果训练结果误差很大，甚至返回Nan，模型训练无法收敛，那么，请你参考下面内容，看看你的参数是否设置合理。

4.3.3 优化器介绍

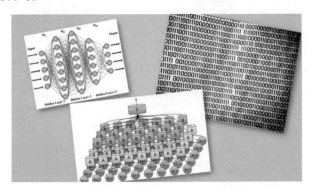

神经网络越复杂，数据越多，在训练神经网络的过程上花费的时间也就越多。可是，为了解决复杂的问题，需要用到复杂的结构和大数据，所以我们需要寻找一些方法，让神经网络聪明起来，快起来，这就是Optimizer优化器算法的作用。

模型编译方块里的优化器目前提供了两种：SGD和Adam。下面详细介绍下这两种优化器的区别。

（1）SGD：Stochastic Gradient Descent

最基础的优化算法就是SGD（随机梯度下降算法）优化器算法，想象红色方块是我们要训练的数据，如果用普通的训练方法，就需要重复不断地把整套数据放入神经网络NN训练，这样消耗的计算资源会很多。

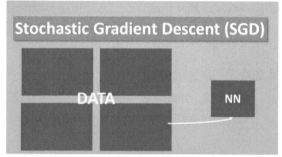

我们换一种思路，如果把这些数据拆分成小批的，再分批不断放入神经网络NN中计算，这就是我们常说的SGD的正确打开方式了。每次使用批数据，虽然不能反映整体数据的情况，不过却很大程度上加速了NN的训练过程，而且也不会丢失太多准确率。如果运用上了SGD，你还是嫌训练速度慢，那怎么办？

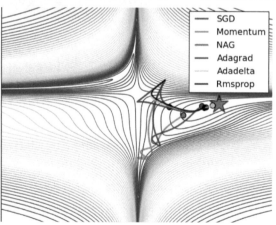

事实证明，SGD并不是最快速的训练方法，红色的线是SGD，它达到学习目标的时间是在这些方法中最长的。我们还有很多其他的途径来加速训练。图上列出的其他优化算法，本章就不做赘述了，感兴趣的读者可以查阅相关资料。

SGD缺点：

· SGD选择其配套合适的学习速率learning rate参数比较困难。

· SGD容易收敛到局部最优，在某些情况下可能被困在鞍点。

· SGD因为更新比较频繁，会造成严重的振荡。

SGD使用建议：像本案例这种最简单的神经网络结构和很少的训练数据，SGD优化器是首选。

（2）Adam：Adaptive Moment Estimation

Adam算法（自适应时刻估计算法），能计算每个参数的自适应学习率。

在实际应用中，Adam方法效果良好。与其他自适应学习率算法相比，其收敛速度更快，学习效果更为有效，而且可以纠正其他优化技术中存在的问题，如学习率

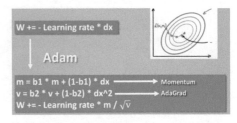

消失、收敛过慢或是高方差的参数更新导致损失函数波动较大等问题。

Adam使用建议：可以尝试替代SGD算法，试着比较是否训练结果误差更小。

4.3.4 损失函数介绍

损失函数（loss）是用来评估预测模型效果的，即模型的预测值与真实值的差距。不同的机器学习模型对应不同的损失函数来评估。

均方差（meanSquaredError）：主要用于评估回归模型的效果，如房价的预测和本案例数据规律的学习预测。

交叉熵（categoricalCrossentropy）：出自信息论中的一个概念，原来的含义是用来估算平均编码长度的。在机器学习领域，交叉熵用来评估两个概率分布，主要用于评估分类模型的效果，如图像识别分类器。

损失函数使用建议：分类问题用交叉熵，回归问题用均方差。

4.3.5 深度学习学习率介绍

学习率（learning rate）是深度学习中的一个重要的超参数，如何调整学习率是训练出好模型的关键要素之一。

> **注** 在机器学习的上下文中，超参数是在开始学习过程之前设置值的参数，而不是通过训练得到的参数数据。通常情况下，需要对超参数进行优化，选择一组最优超参数，以提高学习的性能和效果。

学习速率 0.1

学习率的大小对模型的影响：

① 太大：模型无法从训练数据中获得更新，或者损失出现显著变化，训练过程中，模型的损失变为Nan。

② 太小：训练很长时间后损失误差率没反应，模型收敛很慢。

学习率的设置建议：通过尝试不同的固定学习率，如0.1、0.01、0.001等，观察迭代次数和loss（损失率）的变化关系，找到loss下降最快关系对应的学习率。

> **注** 上面实验过程中，如果发现自己的程序预测结果报Nan，可以尝试把默认0.1学习率改为0.01。原因就是，当你的5组输入数据不是大小按顺序排列的，此时数据大小是起伏的，0.1的学习率就会显得过大，导致模型振荡无法收敛。降低学习率，减小模型的调整力度，一般可以解决模型过调无法收敛的问题。

4.4 ▶ TensorFlow图形化编程实现手写数字识别

通过上一节程序的学习，你是不是已经跃跃欲试了？下面，就带大家进入人工智能图像识别的天地。

这次，我们把学习顺序颠倒一下，首先要带大家通过加载一个训练好的模型体验一下手写数字识别功能。在了解了技术细节之后，我们再一起搭建并训练一个属于我们自己的图像识别模型。

4.4.1 通过加载训练好的MNIST模型体验手写数字识别

什么是保存和加载模型？

我们搭建好了一个神经网络，经过数据漫长时间的训练，终于生成了比较准确的模型，接下来，首要的事就是保存起来，用于再次加载，以便进行应用预测或者继续加强训练。

Kittenblock有对应的方块能将训练好的模型进行保存和加载。

扫一扫，看视频

（1）保存训练的结果

我们可以使用如下的方块保存model模型的训练结果。

点击这个方块后连续弹出两次保存框，第一次是保存模型本身的拓扑结构。

文件名(N):	mnist.json	⌄
保存类型(T):	All Files (*.*)	⌄
文件夹	保存(S) 取消	

第二次是保存模型的训练权重。

文件名(N):	mnist.weights.bin	⌄
保存类型(T):	All Files (*.*)	⌄
文件夹	保存(S) 取消	

下面这两个文件就是模型的保存文件。

mnist.json	2018/12/28 14:40	4 KB	2018/12/28 13:48	JSON 文件
mnist.weights.bin	2018/12/28 14:40	173 KB	2018/12/28 13:48	BIN File

（2）加载训练结果

要在新建的一个工程文件里加载训练好的模型，只需新建一个model变量，加入如下方块。

第一个参数是模型的拓扑结构文件的路径（.json），第二个参数就是模型的权重文件（.weights.bin）。

项目文件运行前只需要执行这个方块加载模型就可以应用了。在分享你的机器学习项目时记得带上这个模型的结构和参数权重保存文件。

（3）实现手写识别程序

第一步：把舞台变成能写数字的黑板，将舞台设置成黑色。

因为训练输入数据都是黑底白字的图片，所以应用模型测试时也要把舞台背景调成黑色。用舞台的背景编辑框，将其转换成位图并填充黑色。

具体方法如下图所示。

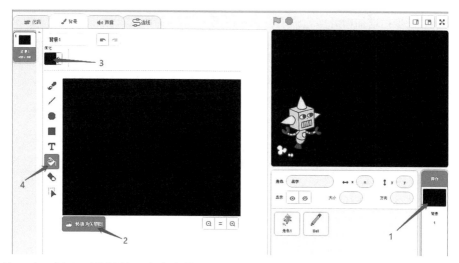

第二步：导入画笔插件，点击安装画笔扩展插件。

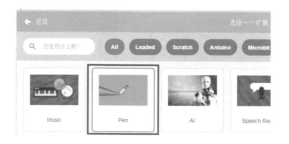

成功加载画笔插件，见下图。

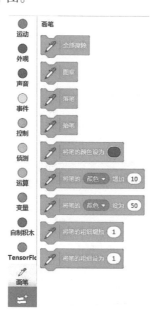

第三步：增加精灵作为画笔，拖入代码。

精灵造型任意，这里以笔为例，记得把笔这个角色隐藏起来，隐藏按键如下图所示。

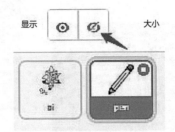

笔角色的积木块代码，见下图。

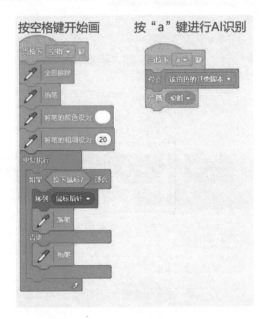

我们按下空格开始画画，然后按"a"键就结束画画并开始识别。

下面回到机器人精灵角色代码。

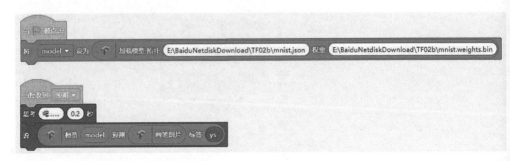

其中画笔图片是舞台上画笔的数据，Kittenblock目前支持的其他数据还有整个舞台所有的图片数据和摄像头的输入。

运行程序测试效果方法：先将光标定位到机器人角色即显示出模型加载和预测的主程序，再点击绿旗加载模型，按空格键开始手写一位数字，最后点击"a"键查看AI识别预测效果。

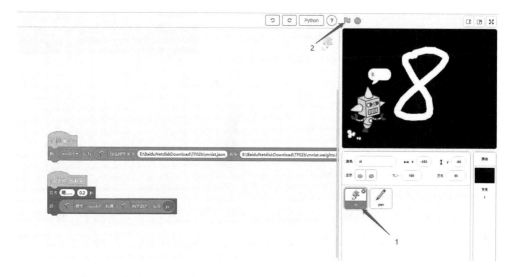

经过几轮测试你会发现，这个训练好的模型手写识别十分准确，scratch也进入了人工智能的时代。

下面，我们就来学习这个图像识别模型是如何构建并训练的。

4.4.2 训练生成图像识别模型

训练生成图像识别模型之前，先向大家介绍几个会用到的名词。

（1）MNIST数据集

机器学习中一个相当经典的例子就是MNIST的手写数字学习。MNIST是深度学习的经典入门demo数据集，它是由6万张训练图片和1万张测试图片构成的，每张图片都是28像素×28像素大小（见下图），而且都是黑白色构成（这里的黑色是一个0~1的浮点数，黑色越深表示数值越靠近1），这些图片是采集的不同的人手写从

0 ~ 9的数字。TensorFlow将这个数据集和相关操作封装到了库中。

通过海量标定过的手写数字训练，可以让计算机认得0 ~ 9的手写数字。相关的实现方法和论文也很多，本书就要教大家目前人工智能图像识别领域的卷积神经网络（CNN, Convolutional Neural Network）的使用方法。

（2）卷积神经网络

前面已详细介绍过深度学习神经网络了，下面看看卷积神经网络的特别之处。

卷积神经网络是近些年逐步兴起的一种人工智能神经网络结构，因为利用卷积神经网络在图像和语音识别方面能够给出更优预测结果，这一种技术也被广泛地传播和应用。卷积神经网络常被应用在计算机的图像识别领域，经过不断地完善，它也被应用在视频分析、自然语言处理、药物发现等领域。AlphaGo也运用到这门技术。

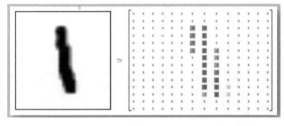

我们来具体说说卷积神经网络是如何运作的。举一个识别图片的例子，我们知道神经网络由一连串的神经层组成，每一层神经层里面都存在有很多的神经元。这些神经元就是神经网络识别事物的关键。每一种神经网络都会有输入输出值，当输入值是图片的时候，实际上输入神经网络的并不是那些色彩缤纷的图案，而是一堆堆的数字。当神经网络需要处理这么多输入信息的时候，也就是卷积神经网络就可以发挥它的优势的时候了。那什么是卷积神经网络呢？

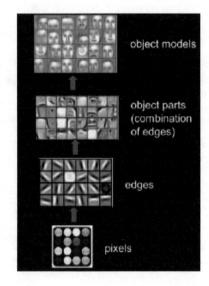

我们先把卷积神经网络这个词拆开来看："卷积"和"神经网络"。卷积也就是说神经网络不再是对每个像素的输入信息做处理了，而是图片上每一小块像素区域进行处理，这种做法加强了图片信息的连续性，使得神经网络能看到图

形，而非一个点。这种做法同时也加深了神经网络对图片的理解。具体来说，卷积神经网络有一个批量过滤器，持续不断地在图片上滚动收集图片里的信息，每一次收集的时候都只是收集一小块像素区域，然后把收集来的信息进行整理，这时候整理出来的信息有了一些实际上的呈现，比如上图，这时的神经网络能看到一些边缘的图片信息，然后以同样的步骤，用类似的批量过滤器扫过产生的这些边缘信息，神经网络从这些边缘信息里面总结出更高层的信息结构，比如说总结的边缘能够画出眼睛、鼻子等。再经过一次过滤，脸部的信息也从这些眼睛、鼻子的信息中被总结出来。最后我们再把这些信息套入几层普通的全连接神经层进行分类，这样就能得到输入图片的分类结果了。

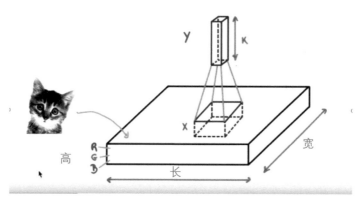

下面具体说说图片是如何被卷积的。上面是一张猫的图片，图片有长、宽、高三个参数。对! 图片是有高度的! 这里的高指的是计算机用于产生颜色使用的信息。如果是黑白照片的话，高的单位就只有1; 如果是彩色照片，就可能有红、绿、蓝三种颜色的信息，这时的高度为3。我们以彩色照片为例子。过滤器就是影像中不断移动的东西，它不断在图片收集小批的像素块，收集完所有信息后，输出的值我们可以理解成是一个高度更高，长和宽更小的"图片"。这个图片里就能包含一些边缘信息。然后以同样的步骤再进行多次卷积，将图片的长宽再压缩，高度再增加，就有了对输入图片更深的理解。将压缩、增高的信息嵌套在普通的分类神经层上，我们就能对这种图片进行分类了。

（3）池化

研究发现，在每一次卷积的时候，神经层可能会无意地丢失一些信息。这时，池化（pooling）就可以很好地解决这一问题。而且池化是一个筛选过滤的过程，能将该层中有用的信息筛选出来，给下一个层分析，同时也减轻了神经网络的计算负担。也就是说在卷积的时候，我们不压缩长宽，尽量地保留多信息，压缩的工作就交给池化来做，这样的操作能够有效地提高模型准确性。

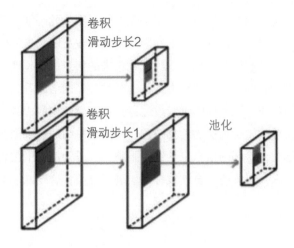

卷积
滑动步长2

卷积
滑动步长1

池化

有了以上介绍的这些技术，我们就可以开始搭建一个属于我们自己的卷积神经网络了。

（4）搭建卷积神经网络并通过MNIST数据集训练模型实现手写数字识别

第一步 **获取MNIST手写数据集。**

所有机器学习的第一步就是获取数据，MNIST数据集本身相当庞大。它有0～9的数，每个数字都提供了5000张以上28像素×28像素的图片数据。这里为了大家好理解直接使用现成的原始图片。

通过下面的链接下载数据集，并解压到电脑上（解压时间比较长）。

https://github.com/myleott/mnist_png/raw/master/mnist_png.tar.gz

解压完后可以看到数据实际上分了training和testing两个文件夹，每个文件夹下又有10个独立数字的图片文件夹。

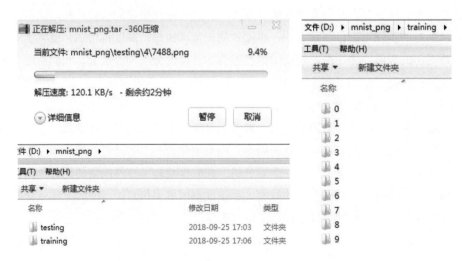

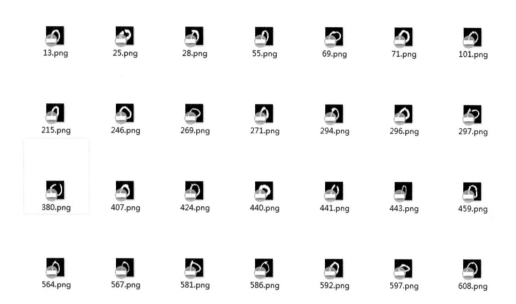

training和testing两个文件夹是分别用来进行训练和测试验证误差的数据集。training目录总共有6万张图片，testing目录有1万张图片。

以上图片数据集也可以扫描程序源代码的二维码来下载。

> ⚠ **注意** 本案例使用的MNIST训练数据集是黑底白字的手写图片，在手写测试时舞台画板也要设置成黑底白字。

第二步 **训练数据导入。**

我们新建一个scratch3项目，导入TensorFlow插件。

还是跟之前一样，我们需要新建两个列表list，分别命名为xs和ys。

由于这里我们用的是标定过的图片数据，需要用到与上一节数据预测案例不同的导入方块来导入图片。这里注意将xs和ys的显示关掉，不然可能会导致软件卡死，毕竟xs里面是6万张图片的原始数据。

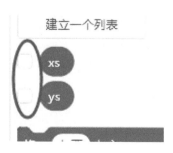

⚠️**注意** 将上图两个变量前面的钩去掉，防止显示数据过多死机。

把xs、ys拖入读取图片方块，第一个参数填写mnist的training数据根目录，具体对应自己电脑存放训练图片的位置。

点击运行方块开始导入，导入完成后大家可以选上ys的数据显示，可以看到这是6万个图片的标签。如果大家电脑配置很好也可以把xs选上，看看里面的数据到底是什么样的。

显示调试图片的积木可以看到xs里面的图片，如下图舞台上看到xs的原始图像。

拖入如下的方块，并点击，运行效果如下图所示。

可以看到我们的训练图片都是一张张背景为黑色、字迹为白色的图片。

由于完整的数据集相当大，我们并不需要全部6万组数据，只需要其中5000组就够了。但是前面5000组全部是数字0的图片，那么怎么办呢？

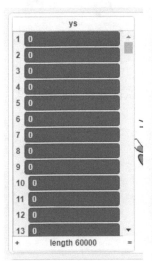

我们这里用另外一个方块——数据的洗牌方块，类似我们玩扑克的洗牌，随机将图片的排列顺序打乱。

点击一下数据洗牌方块，再重新将ys列表加载（方法是将ys的钩去掉再打上）。

然后就看到ys列表已经是乱序排列的（你的不一定和我图中的一样，随机是没有规律的）。

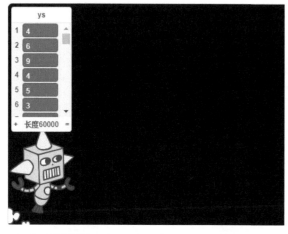

这样数据就变成随机排序了。

对数据进行洗牌的另外一个好处就是能让你的模型和权重更加健壮。因为机器学习本质是在无序中挖掘有序的过程，也就是寻找数据中的有效熵。而没必要的有序序列或者熵只会造成干扰，让你的模型以为自己找到了规律。

洗牌之后我们可以做个小程序看看里面的手写数据。

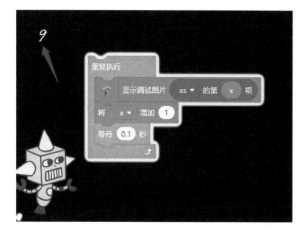

第三步 模型的建立。

请照着下面的图片拖入对应的模型方块。

注意我们输入图片是28像素×28像素的黑白图片，因此输入维度是28×28×1。

前两层是卷积层，卷积核的大小都是3像素×3像素，对应的卷积特征算子数目是32个，并且使用relu激活函数去掉负值。卷积的具体原理请查阅相关资料，本章注重实操搭建，原理不做赘述。

之后是池化层，池化层的作用是主动丢弃一些像素，这样可以大大降低运算过程中的参数数量，也可以去除一些噪声干扰。

之后我们又做了一次卷积和池化，但是这次有64个特征算子，可以进一步去让机器分析图片中的细节。

由于卷积是一个高维度的矩阵，我们让它跟神经网络连接必须要将它摊平，这里我们引入了一个flatten layer。

最后由于我们希望的输出是0~9数字中的其中一个，加入了一个10个神经元的softmax激活的全连接层。

模型的卷积神经网络结构就到这里搭建完毕了。如果想对模型的构造和调整进一步了解，就需要去学习查阅其他的相关资料，本书突出以实践为主，鼓励读者通过实践对原理产生兴趣，从而进一步深入学习。

第四步 模型载入训练数据。

开始训练前我们还需要将xs和ys的数据赋给模型。

这里我们只用了全部数据集中的前5000组数据进行训练。

其中第一个方块是从图片中构造输入数据。通道是图片的像素，有黑白（W/B）和RGB两种。最后一个维度参数如果不指定会自动根据输入图片的尺寸设定。

方块程序将xs图片转换为可以训练的张量多维数组结构，这个过程比较漫长，请耐心等待。这一转化过程就是将5000张图片打开并加载到你的显卡显存中。

第五步 开始训练。

准备工作完毕，我们就可以开始训练模型了。

强烈建议按"F12"打开后台调试窗口，因为这个计算量很巨大，不会马上返回训练完成信息，我们往往会误认为电脑死机或者积木块没有执行。

只要你看到调试窗口类似有这样的数据（见下图）在滚动，就说明模型已经在训练中，耐心等待完成。

由于有卷积神经网络的存在，其训练时间远远大于我们上一节的预测数据模型。点击键盘左上角"~"键，我们可以在Kittenblock的终端中看到模型收敛过程，如右图所示。

当箭头横坐标不再增加时，这个数字就是训练迭代的

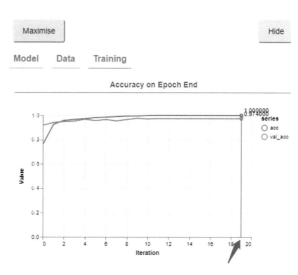

总次数。

acc蓝色的曲线代表训练集准确率，val_acc橙色曲线是测试集准确率。

TensorFlow会把训练数据的一部分作为测试数据验证模型的学习效果。如果训练集曲线很平稳上升，而测试集曲线来回抖动，证明模型学习出现了过拟合，可以试试训练数据洗牌后再次训练。上图两条曲线平缓上升表明学习效果明显，正常情况下，测试的成绩会比训练的成绩稍差。这点与人类学习规律类似，很有趣。

第六步 **保存训练好的模型验证训练结果。**

关于保存模型的方法和手写画板部分的代码之前已经介绍了，这里不再赘述，请参考源代码。

右图就是完整的模型建构和载入数据训练的顺序，读者可以按序号依次点击，即可完成模型构建训练任务。

至此，你已经初步掌握了人工智能图像识别的实现方法，是不是已经开始想让CNN卷积神经网络识别点其他内容了？下一节我们开始进行其他种类的图片分类，让人工智能实现物体识别、手势识别甚至人脸识别。

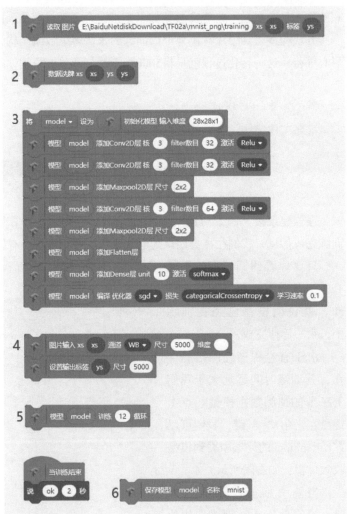

4.5 ❯ TensorFlow图形化编程实现物体识别分类

本案例将使用MobileNet模型进行物体识别。

通过上一节学习如何加载已经训练好的模型，给我们开启了一扇通往无限可能的大门，让我们可以使用别人已经训练好的模型做各种有趣的项目，节省大量的建模训练时间。要知道，一个复杂模型的训练动辄成百上千小时，训练模型用的大数据对我们个人来说更是一种稀缺资源，因此，我们要学会站在巨人的肩膀，而不是从零开始。

扫一扫，看视频

什么是MobileNet模型？

MobileNet是可以在移动端使用的神经网络，那必然要求网络的计算量要小一些，将网络的复杂度降下来，使得可以在移动端、嵌入式平台中使用。一般我们人工智能的在线服务后端很可能是一个有几千层，还有多个模型相互嵌套的引擎，并且还伴随着很多人工的优化处理。而MobileNet的神经网络结构相比只有28层，就可以识别1000个分类的常见物品。

MobileNet的结构见下表（共28层）。

类型/滑动步长	卷积核大小	输入层大小
Conv / s2	$3 \times 3 \times 3 \times 32$	$224 \times 224 \times 3$
Conv dw / s1	$3 \times 3 \times 32$ dw	$112 \times 112 \times 32$
Conv / s1	$1 \times 1 \times 32 \times 64$	$112 \times 112 \times 32$
Conv dw / s2	$3 \times 3 \times 64$ dw	$112 \times 112 \times 64$
Conv / s1	$1 \times 1 \times 64 \times 128$	$56 \times 56 \times 64$
Conv dw / s1	$3 \times 3 \times 128$ dw	$56 \times 56 \times 128$
Conv / s1	$1 \times 1 \times 128 \times 128$	$56 \times 56 \times 128$
Conv dw / s2	$3 \times 3 \times 128$ dw	$56 \times 56 \times 128$
Conv / s1	$1 \times 1 \times 128 \times 256$	$28 \times 28 \times 128$
Conv dw / s1	$3 \times 3 \times 256$ dw	$28 \times 28 \times 256$
Conv / s1	$1 \times 1 \times 256 \times 256$	$28 \times 28 \times 256$
Conv dw / s2	$3 \times 3 \times 256$ dw	$28 \times 28 \times 256$
Conv / s1	$1 \times 1 \times 256 \times 512$	$14 \times 14 \times 256$
5× Conv dw / s1	$3 \times 3 \times 512$ dw	$14 \times 14 \times 512$
Conv / s1	$1 \times 1 \times 512 \times 512$	$14 \times 14 \times 512$
Conv dw / s2	$3 \times 3 \times 512$ dw	$14 \times 14 \times 512$
Conv / s1	$1 \times 1 \times 512 \times 1024$	$7 \times 7 \times 512$
Conv dw / s2	$3 \times 3 \times 1024$ dw	$7 \times 7 \times 1024$
Conv / s1	$1 \times 1 \times 1024 \times 1024$	$7 \times 7 \times 1024$
Avg Pool / s1	Pool 7×7	$7 \times 7 \times 1024$
FC / s1	1024×1000	$1 \times 1 \times 1024$
Softmax / s1	Classifier	$1 \times 1 \times 1000$

关于"手机版"视觉应用卷积神经网络MobileNet的更多工作原理和技术细节，鼓励广大读者进一步查阅其他资料深入学习，本书重点在实践应用，复杂的结构和算法不做展开。

下面，我们开始用MobileNet神经网络模型识别物体。

第一步 加载MobileNet模型。

我们新建一个项目，并且记得先新建一个model变量保存模型的名字。

之后我们需要MobileNet的模型和训练权重，这两个文件可以在下面地址找到：

https://github.com/KittenBot/kittenbot-docs/tree/master/Tensorflow/data

或者扫描案例源代码的资料包二维码下载。

你需要下载准备下图中的这三个文件备用。

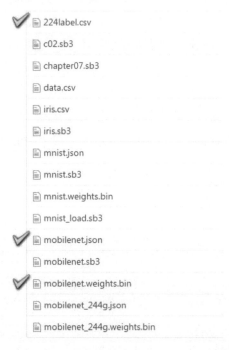

> ⚠ **注意** github网站的文件单独下载方式需要点进文件的链接（见下图），这里以mobilenet.json为例，点进去后，右键点击上方的"Raw"原始文件菜单选择"目标另存为"完成下载。

按照之前模型的加载方法，拖入如下的加载方块代码。

第二个读取csv方块是加载模型的输出结果名称，因为机器预测结果输出的是0～999这样的数字，我们需要将这些数字转换成名字。其中224label.csv这个文件就保存了我们需要的名称。其中item是一个list列表变量，加载之后我们可以看看item的内容。

第二步 舞台背景添加要识别的图片。

我们这个示例项目的思路是在舞台背景中加入不同的小动物图片，切换这些背景图片的过程中识别图中的动物种类。

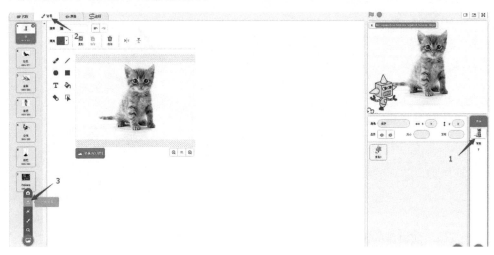

点击舞台2，点击背景3，点击上传背景。

⚠️**注意** 删除白背景，添加动物图（动物图需要自己上传添加，可以自己网上随意找，尽量找背景是白色的，保证识别的准确度）。

第三步 添加图像识别代码。

机器人精灵的代码如下（从背景编辑状态切回到精灵状态，需要鼠标点击一下机器人精灵角色）。

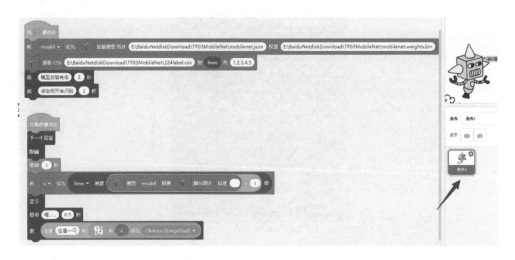

这里用到谷歌翻译插件，因为分类命名是英文的，我们用谷歌翻译成中文（注意：使用翻译功能时电脑需要联网）。

下面是预测程序汇总，识别的过程中将机器人隐藏，防止干扰识别结果。

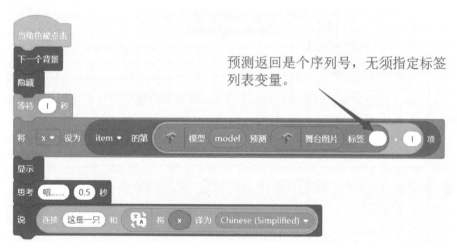

预测返回是个序列号，无须指定标签列表变量。

最后效果如下图所示。

⚠️ **注意** 可能你做出来的实验结果跟我的不一样，比如动物的大致分类是对的，但是可能归类到别的大类去。这是正常的，毕竟这个模型还是需要继续训练提高精确度。

下一节，我们讲解如何改造迁移MobileNet模型并训练它，让它能够识别我们的"剪刀石头布"手势，甚至训练它看脸识人。

4.6 ▶ TensorFlow图形化编程实现摄像头识别手势

开始本节案例之前先给大家介绍个新知识。

（1）什么是迁移学习（transfer learning）？

你会发现聪明人都喜欢"偷懒"，因为这样的偷懒能帮我们节省大量的时间，提高效率。还有一种偷懒是"站在巨人的肩膀上"，不仅能看得更远，还能看到更多。这也用来表达我们要善于学习先辈的经验，一个人的成功往往还取决于先辈们累积的知识。这句话放在机器学习中，这就是本节要介绍的迁移学习。

现在的机器人视觉已经非常先进了，有些甚至超过了人类。99.99%的识别准确率都不在话下。这样的成功，依赖于强大的机器学习技术，其中，神经网络成为"领军人物"。而 CNN卷积神经网络等，像人一样拥有千千万万个神经元的结构，为图像识别能力的提高贡献了巨大力量。但是为了更厉害的 CNN，我们的神经网络设计，也从简单的几层网络变得越来越多，越来越复杂。

为什么人工智能的神经网络会越来越复杂呢?

因为计算机硬件性能的快速提升，比如 GPU 变得越来越强大，能够更快速地处理庞大的信息。在同样的时间内，机器能学到更多东西。可是，不是所有人都拥有这么庞大的计算能力。而且有时候面对类似的任务时，我们希望能够借用已训练好的模型资源。

> **注** 显卡的处理器称为图形处理器（GPU），它是显卡的"心脏"，与CPU类似，只不过GPU是专为执行复杂的数学和几何计算而设计的，这些计算是图形渲染所必需的。某些最快速的GPU集成的晶体管数甚至超过了普通CPU。

（2）如何迁移?

好比谷歌和百度的关系，脸书和人人网的关系，肯德基和麦当劳的关系，同一类型的事业，不用自己完全从头做，借鉴对方的经验，往往能节省很多时间。

有这样的思路，我们也能偷偷懒，不用花

时间重新训练一个无比
庞大的神经网络，借鉴
一个已经训练好的神经
网络就行。

　　比如这样的一个神
经网络，我们花了两天
训练完之后，它已经能
正确区分图片中具体描
述的是男人、女人还是
眼镜。说明这个神经网络已经具备对图片信息一定的理解能力。这些理解能力就以参
数的形式存放在每一个神经节点中。

　　不巧，领导下达了一个紧急任务，要求今天之内训练出来一个预测图片里实物价
值的模型。

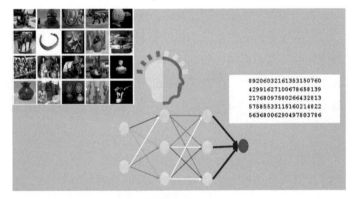

　　这样的话，上一个
图片模型都要花两天，
如果要再搭个模型重新
训练，今天肯定出不
来。这时，迁移学习来
"拯救"我们了。因为
这个训练好的模型中已
经有了一些对图片的理
解能力，而模型最后输
出层的作用是分类之前的图片，对于现在计算价值的任务是用不到的，所以我将最后
一层替换掉，变为服务于现在这个任务的输出层。接着只训练新加的输出层，让理解
力保持始终不变。前面的神经层庞大的参数不用再训练，节省了我们很多时间，也能
在一天时间内将这个任务顺利完成。

（3）迁移学习还能怎么玩？

　　了解了一般的迁移学习玩法后，我
们看看前辈们还有哪些新玩法。多任务
学习，或者强化学习中的 learning to
learn，迁移机器人对运作形式的理解，
解决不同的任务。炒个蔬菜，做红烧
肉、番茄蛋花汤，虽然菜色不同，但是

做菜的原则是类似的。

又或者 Google 的翻译模型，在某些语言上训练，产生出对语言的理解模型，将这个理解模型当作迁移模型在另外的语言上训练。其实，那个迁移的模型就能看成机器自己发明的一种只有它自己才能看懂的语言。然后用自己的这个语言模型当成翻译中转站，将某种语言转成自己的语言，再翻译成另外的语言。迁移学习的方法还有很多，相信这种站在巨人肩膀上继续学习的方法，还会给我们带来更多有趣的应用。下面就让我们一起体验下迁移机器学习的神奇。

从上一节我们可以看到MobileNet是个相当优秀的图像识别模型，它可以识别生活中常见的大部分物品，当然准确率跟商业的在线API还差一些，但其胜在灵巧和可脱机工作。

但是，如果需要自己定制一个分类器，比如可以识别"剪刀石头布"手势的分类器，那么该怎么办呢？是不是又要费时费力地从零开始训练呢？

当然不是。通过上面学习我们知道MobileNet虽然轻巧，但是从零开始训练的工作量也是相当巨大的，这个计算量不是我们一般家用电脑能消耗起的。卷积网络层的作用类似视网膜后第一阶段的神经元，主要是将图像抽象化并做预处理，方便第二阶段大脑其他神经元做具体的处理。那么我们这里要借用迁移的就是这个预处理好的网络，这样可以大大减小我们的训练工作量，只需重新训练第二阶段分类的功能即可。

我们重新看看MobileNet的网络图，我们这里要在卷积最后输出的地方截断之后连入我们自己的分类器。

（4）总结思路

迁移MobileNet的网络，在原来最后输出的地方截断，连接新的能识别"剪刀石头布"的神经网络分类器。

给新的分类器提供标定的学习样本进行训练（剪刀、石头、布三种手势各拍50张图片用来训练分类器）。

用训练好的模型对摄像头拍摄的手势动作进行实时的识别。

（5）设备准备

这节开始我们要用USB摄像头充当AI的眼睛来识别我们的手势动作（笔记本电脑或者一体机的摄像头更佳）。

第一步 加载和建立模型。

下载经过截断处理的MobileNet模型，名字叫mobilenet_244g。

因为这里使用了视频侦测功能，大家还需要加载摄像头侦测的功能插件。

首先新建立一个叫mobilenet的变量，按照如下方式加载经过截断处理的MobileNet模型。

视频侦测

之后我们再新建一个模型，名字叫link，它的输入是MobileNet模型的卷积输出图像特征信息，link的输出对应我们想要的"剪刀石头布"分类。

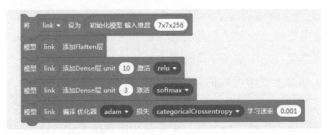

我们这里使用的MobileNet模型的最终输出是7×7×256维度的矩阵，连接卷积层的第一步一般都是将它平化，我们添加一个flatten layer。

之后我们建立两层全连接的神经网络，输出三个标签分别对应石头、剪刀、布，输出层需要用softmax激活函数，表明这是一个三选一的输出。

第二步 准备数据。

由于我们的模型输入是MobileNet网络的卷积输出图像特征信息，很明显这里给我们模型准备的不是石头剪刀布的图片，而是带标签的7×7×256矩阵数据。

这里我们还是先建立两个list变量，分别叫xs和gesture。

之后大家先看看MobileNet模型预测的输出如下图所示，是7×7×256的权重分布。具体每个值代表什么没人知道，这是根据算法高度抽象化的图片特征信息。

第三步 手势训练数据采集。

那么我们接下来要做的就很简单了，为剪刀、石头、布三个手势分别准备50组MobileNet的输出矩阵就行了（手势可以稍微变动下，对模型的适应性有帮助）。

大家一定要在摄像头前面摆好对应的手势，之后点击每个代码块，并且等到每个代码块结束后再给下一个手势准备数据。

点击积木块进行手势采样：

采样剪刀图。采样过程中（积木块边框亮），变换下剪刀手的方向角度，让样本具有差异性，这样训练出来的模型适应性比较强。

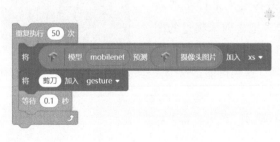

采样石头图。

采样布图。

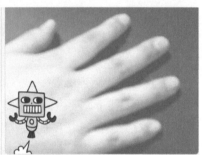

⚠ **注意** 因为我们打算让机器分辨出这三种情况——剪刀图、石头图、布图，所以我们首先要像教一个婴儿那样，要重复告诉它（这里每种情况拍了50张照片）这是什么手势。这里要注意下，我们只是采集了图片，并且把图片打上了标签，我们并没有告诉机器，这三种情况是如何区分，机器学习引擎的魅力所在就是你无须告诉它规律，只要告诉它，这个是50张剪刀图，那个是50张石头图，你自己找出它们自己的规律，并建立好模型。xs可以理解为就是一个要学习的图片集，ys是对应这个图片集的标签（这里的标签就是剪刀、石头、布）。

第四步 如果采样有误如何清除数据。

如果在以上的采样过程中采集有误（采样手势有误），就要需要点击以下的积木块，把之前采集过的图片数据以及对应的标签全部删除掉（包括后面模型训练

出来后，如果觉得识别的准确率不高，这很可能是这个采样过程中手势不典型没有代表性，导致机器识别出错）。

然后重复第三步手势采样步骤（剪刀、石头、布）。

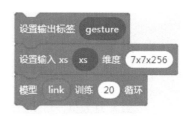

第五步 模型训练。

全部准备工作做完，最后记得将xs、gesture 两个列表数据导入给TensorFlow引擎。

由于数据量比较小和最终的神经网络只有两层，因此很快就能收敛了。

最终看看是不是跟我们预想的结果一样呢？

⚠️ **注意** 这个步骤就是将我们采集回来的样本（图片集合与一一对应的标签）塞到我们开头建立的模型里面进行训练，这个训练过程是全自动的。机器学习按照你的设置建立了一个模型后，然后通过学你给的样本，自己在训练的过程中摸清楚规律，并且它每次训练好模型后，会将10%样本放到模型中进行验证（因为样本我们已经标定了正确的答案），如果验证不通过，它自己则会再进行调整参数，如此重复循环，直到训练次数结束。我们可以理解它这个训练过程就是自己在跟自己博弈的过程，不断地学习进化，最后它被训练出来了，就能很好适应类似样本的图片了。

第六步 训练后的测试应用。

这段积木块点击后，机器人就会自动捕抓摄像头拍回来的照片，并且说出来你做的是什么手势。

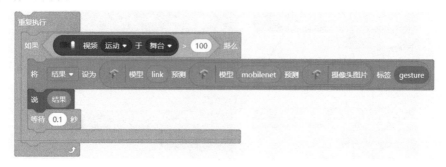

⚠️ **注意** 视频运动于舞台＞100，这个积木块可以理解为，当让摄像头影像有变化时，才进行判断，否则摄像头一直频繁判断，比较消耗电脑的内存，电脑消耗内存过大会导致软件蓝屏。

类似我们可以借用mobile的卷积神经网络训练任意分类的图片，比如下面的拓展实现人脸识别功能。

⚠️ **注意** MobileNet只对现实生活中的图片有比较好的输出，而对动漫、插画等等的结果都比较糟糕。因为喂给MobileNet的图片都是现实生活中的图片，根据训练的内容，所以MobileNet有这样的特性。

训练AI实现识别五个人的脸

剪刀石头布，这个实验我已经完成了。能不能改动下程序，改成我自己想要的？例如我想识别其他物体，或者是不同人的头像。这个可以实现吗？

当然可以！剪刀石头布这个案例中。主要是针对摄像头识别物体，主要是识别了3个样本类型。

换句话来说，你可以更改程序，可以让摄像头识别其他物体（例如人头像），而且样本类型不限。TensorFlow这个机械学习框架的魅力在于，只需要稍微修改下参数，即可以套用原来的机器学习模型，通用性十分强。

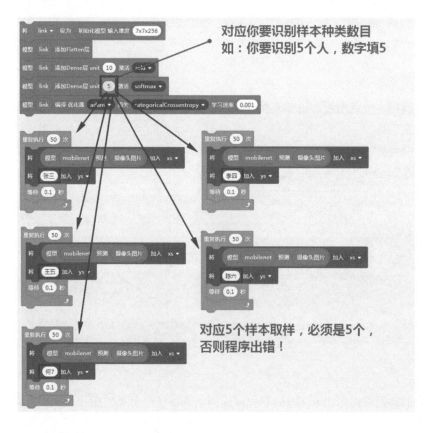

更改参数后，对应操作和剪刀石头布的步骤一样。唯一不一样的就是取样拍照，你需要找5个人来拍照取样。

4.7 ▶ 如何提高TensorFlow识别度

（1）样本的数量

训练样本数量不是越多越好，为了加快训练时间提高效率，一般取恰当的样本数量达到预期效果就可以。数量标准没有特殊规定，一般简单特征在50以上比较好，如果是非常复杂特征的物体，那几百上千比较合适。如果觉得识别准确率不够，可以适当加大样本量。

（2）样本的质量

好的图像识别样本要求一定清晰度，看得清楚才能识别得快。摄像头采样的背景尽量保持纯色，这样可以提升识别率。应用预测阶段，摄像头采集的环境尽量保持与样本采集时一致。

（3）训练的次数

普遍认知上，训练次数越多，识别度越准确。但是训练次数过多，又会造成过拟合。类似一个人经常专做一些偏题难题，钻牛角尖，做多后，一看到类似的题目，就马上得到答案，不假思索，但实际这个答案可能是错误的。过拟合和欠拟合在机器学习中也是一个很重要的专题。

第5章
常用的深度学习开发工具

5.1 ＞ Python与TensorFlow

5.1.1 走进Python，靠近人工智能

Python是当下人工智能机器学习最为热门的编程语言之一，要想学习AI而不懂Python，那就相当于想学英语而不认识单词。Python语法要素不多，是一门简单易学的语言，Python号称是最接近人工智能的语言，因为它的动态便捷性和灵活的三方扩展，成就了它在人工智能领域的地位。

常规的人工智能包含机器学习和深度学习两个很重要的模块。基本上机器学习中对数据的爬取、处理和分析建模在Python中都能找到对应的库。

（1）Python优势

① 对于初学者而言，Python非常简单，非常贴近人类的自然语言。阅读一个Python程序就感觉像是在读英语一样。Python的这种伪代码本质是它最大的优点之

一。它能降低你的学习成本，能够让你将更多精力专注于解决数据分析等问题本身。

② Python是开放源代码的软件。简单地说，你可以自由地发布这个软件的拷贝，阅读它的源代码，对它做改动，把它的一部分用于新的自由软件中。

> **注** 开源指开放软件的源代码，允许任何人或组织以公益或商业目的修改或使用。开源是一种互联网共享文化现象。开源与分享的目的就是借助社区的力量，快速迭代壮大软件或硬件的功能，通过共享，实现共赢。

由于它的开源本质，Python已经被移植在许多平台上。你的所有Python程序无须修改就可以在下述任何平台上面运行。这些平台包括Linux、Windows、FreeBSD、Macintosh、Solaris、OS/2、Windows CE等，甚至还有PocketPC、Symbian以及Google基于Linux开发的Android平台。你只需要把你的Python程序拷贝到另外一台计算机上，它就可以工作了，这也使得你的Python程序更加易于推广传播。另外值得一提的是MicroPython，它旨在尽可能与普通Python兼容，让你轻松将代码从桌面传输到微控制器或嵌入式系统。MicroPython让开发嵌入式应用程序变得非常简单。

（2）Python机器学习之路

学习人工智能，学习Python，以下这些是必不可少的。

① 要学用Python如何爬取数据，要做数据分析、数据建模，起码要有数据，这些数据来源有多种渠道，但是很多都来自网络，这就是爬虫。

> **注** 网络爬虫又被称为网页蜘蛛、网络机器人，是一种按照一定的规则自动地抓取万维网信息的程序或者脚本。

Python爬虫库：requests、scrapy、selenium、beautifulSoup，这些库都是写网络爬虫需要使用到的库，掌握这些库的使用，就能完成收集数据任务。

②有了数据就需要进行数据处理和分析了。

Python数据处理库：numpy、scipy、pandas、matplotlib，这些库可以进行矩阵计算、科学计算、数据处理、绘图展现等操作，有了这些库，就可以开始把数据处理成需要的格式。

③把数据处理成符合训练使用的格式后，就需要利用这些数据训练生成模型。

Python建模库：nltk、keras、sklearn，这些库主要是用于自然语言处理、深度学习和机器学习。最终，人工智能的预测模型经过数据训练被构建出来。

"人生苦短，我用Python"，之所以这么说是因为Python在实现各个功能的时候要远比其他语言简练得多。

在真实的工作中，我们需要做的事情是把大量的精力集中在数据上，如数据的分析和理解上，而不是花费过多的精力去写代码，Python不光是提供了机器学习所需要的一切工具库，还能让你专注在数据处理和分析上，通过上面Python库的引用，简练的三步即可完成机器学习项目。

5.1.2 TensorFlow 带你快速入门深度学习和神经网络
（1）什么是TensorFlow？

TensorFlow是谷歌发布的深度学习开源的计算框架，该计算框架可以很好地实现各种深度学习算法，涉及自然语言处理、机器翻译、图像描述、图像分类等一系列技术。简单来说，TensorFlow为我们封装了大量机器学习、神经网络的函数，帮助我们高效地解决问题。

官网：https://www.tensorflow.org

TensorFlow= Tensor +Flow

Tensor翻译成"张量"，是一种多维数组的数据结构。

Flow翻译成"流"，是计算模型，描述的是张量之间通过计算而转换的过程。

计算图是由节点和边组成的。

TensorFlow是一个通过计算图的形式表述计算的编程系统，每一个计算都是计算图上的一个节点，节点之间的边描述了计算之间的关系。

TensorFlow处理结构计算见下图。

TensorFlow 首先要定义神经网络的结构，然后把数据放入结构当中去运算和训练。

因为TensorFlow是采用数据流图（data flow graphs）来计算，所以首先得创建一个数据流图，再将数据（数据以张量tensor的形式存在）放在数据流图中计算。节点（Nodes）在图中表示数学操作，图中的线（edges）则表示在节点间相互联系的多维数据数组，即张量（tensor）。训练模型时tensor会不断地从数据流图中的一个节点flow流到另一节点，这就是TensorFlow名字的由来。

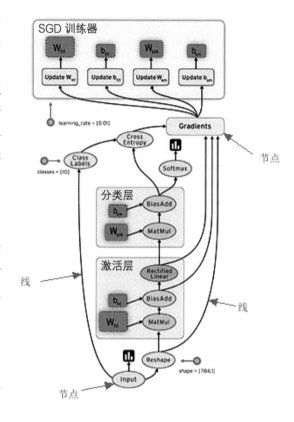

（2）为什么要使用TensorFlow？

TensorFlow 无可厚非地能被认定为神经网络中最好用的库之一。它擅长的任务就是训练深度神经网络。通过使用TensorFlow我们就可以快速地入门神经网络，大大降低了深度学习（也就是深度神经网络）的开发成本和开发难度。和Python一样，TensorFlow 的开源性让所有人都能使用并且维护巩固它，使这一计算框架能迅速更新、完善。

5.2 ▶ Windows环境下搭建Anaconda和TensorFlow

（1）为什么选择Anaconda

Anaconda可以看做Python的一个集成安装，安装它后就默认安装了Python、IPython、集成开发环境Spyder和众多的包和模块，非常方便。而且Anaconda会为我们安装pip（强大的包管理程序），我们就可以在Windows的命令行中使用pip直接安装我们需要的包。

官方网址：https://www.anaconda.com/

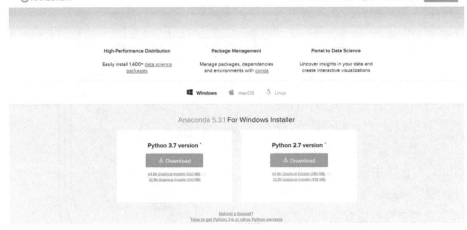

当前版本号：Anaconda 5.3.1。

⚠️ **注意** Python 2 和 Python 3 的差别。

Python 2 发布于 2000 年年底，意味着较之先前版本，这是一种更加清晰和更具包容性的语言开发过程。而先前版本的 Python 应用的是 PEP (Python 增强协议)，这种技术规范能向 Python 社区成员提供信息或描述这种语言的新特性。

Python 3 被视为 Python 的未来，是目前正在开发中的语言版本。为了不带入过多的累赘，Python 3在设计的时候没有考虑向下兼容。作为一项重大改革，Python 3 于 2008 年年末发布，以解决和修正以前语言版本的内在设计缺陷。

Anaconda的优点如下。

①省时省心：Anaconda通过管理工具包、开发环境、Python版本，大大简化了工作流程。它不仅可以方便地安装、更新、卸载工具包，而且安装时能自动安装相应的依赖包，同时还能使用不同的虚拟环境隔离不同要求的项目。

②分析利器：适用于企业级大数据分析的Python工具。其包含了720多个数据科学相关的开源包，在数据可视化、机器学习、深度学习等多方面都有涉及，不仅可以做数据分析，甚至可以用在大数据和人工智能领域。

（2）Anaconda下载和安装

官网下载网址：https://www.anaconda.com/download/

⚠️ **注意** 官网最新版Anaconda默认使用Python 3.7，而这一版本的Python TensorFlow官方目前支持还不好，为了便于大家学习，减少兼容问题，请从下面地址下载默认集成Python 3.5 的Anaconda 3-4.2.0 老版本。

官网历史版本下载网址：https://repo.anaconda.com/archive/

Anaconda 3-4.2.0Windows-x86.exe文件名含义：3-是Python版本 3.x ；Windows-x86 是32 位系统，Windows-x86_64是64 位。

下载Anaconda 3-4.2.0 版时，请根据计算机系统类型下载对应的安装程序。

下载成功后，如下图所示一路点击"Next"安装完毕。

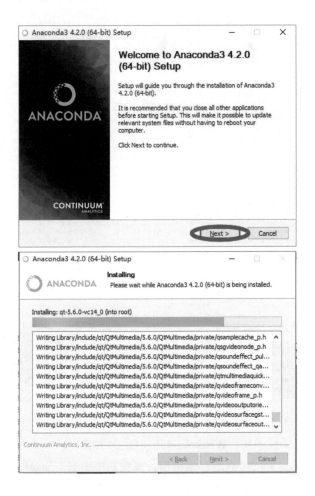

（3）在Anaconda中安装 TensorFlow

首先，右键点击开始菜单里的Anaconda Prompt，然后左键点击以管理员身份运行。

在弹出的终端命令行下输入如下命令：

```
pip --default-timeout=100 install tensorflow
```

> 📌 这里我加入了default-timeout=100参数，通过延长下载等待时间，可以完美解决pip网络延迟导致安装过程报错终止的问题。

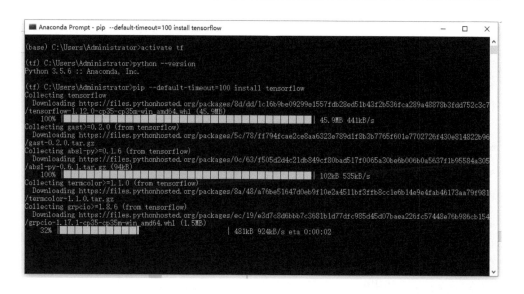

TensorFlow安装后，按下面操作测试是否安装成功。

打开Jupyter，新建Python 3文件。

输入：

```
import tensorflow as tf
tf.__version__
```

或者

```
import tensorflow as tf
print(tf.__version__)
```

按 "Ctrl+Enter" 执行，如果正常输出版本号就说明安装成功。

```
In [3]:  import tensorflow as tf
         print(tf.__version__)

         1.8.0
```

（4）Anaconda启动菜单中集成的软件

Anaconda Navigator：用于管理工具包和环境的图形用户界面，后续涉及的众多管理命令也可以在 Navigator 中手工实现。

Jupyter Notebook：基于Web的交互式计算环境，可以编辑易于人们阅读的文档，用于展示数据分析的过程。

Qtconsole：一个可执行 IPython 的仿终端图形界面程序，相比 Python Shell 界面，Qtconsole 可以直接显示代码生成的图形，实现多行代码输入执行，以及内置许多有用的功能和函数。

Spyder：一个使用Python语言、跨平台的科学运算集成开发环境。

5.3 ❯ Jupyter Notebook 极速入门

5.3.1 什么是Jupyter？

在数据分析和程序设计时，你一定曾有过为新发现而激动不已的时刻，此时你急于将自己的发现告诉大家，却遇到了这样的问题：如何将我的分析过程清晰地表述出来呢？

为了能有效沟通，你需要重现整个程序的分析过程，并将说明文字、代码、图表、公式、结论都整合在一个文档中。显然传统的文本编辑工具并不能满足这一需求，所以这里隆重推荐一款神器——Jupyter Notebook，它不仅能在文档中执行代码，还能以网页形式分享。

下图简单展示了Jupyter Notebook 文档的样式。

historgrams

We first plot histograms for these two groups. From the plots shown below, we can see that the mode of congruent group is 12-14, while the mode of incongruent group is 20-22.

```
In [7]:    bins = range(8,37,2)
           fig = plt.figure(figsize=(10, 4))

           p1 = fig.add_subplot(121)
           plt.hist(df.Congruent, bins=bins)
           plt.title('Congruent Group')
           plt.xlabel('reaction time (s)')
           plt.ylabel('counts')

           p2 = fig.add_subplot(122)
           plt.hist(df.Incongruent, bins=bins, color = 'green')
           plt.title('Incongruent Group')
           plt.xlabel('reaction time (s)')
           plt.ylabel('counts')

           plt.show()
```

Jupyter Notebook（此前被称为 IPython Notebook）是一个交互式笔记本，支持运行 40 多种编程语言。Jupyter Notebook 的本质是一个 Web 应用程序，便于创建和共享文学化程序文档，支持实时代码、数学方程、可视化和markdown。用途包括：数据清理和转换、数值模拟、统计建模、机器学习等。

著名数据科学网站 KDnuggets最近的一个博客发起了一项投票：数据科学中最好用的Python IDE是什么？该投票发布后收到了很多意见和评论。

本次调查共有1900多人参与，调查结果如下图所示。前5个选择是：

Jupyter，57%；

PyCharm，35%；

Spyder，27%；

Visual Studio Code，21%；

Sublime Text，12%。

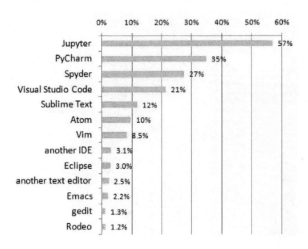

Jupyter是最流行的Python IDE。

> **注** IDE的意思是集成开发环境，全称是Integrated Development Environment，集成开发环境是用于提供程序开发环境的应用程序，一般包括代码编辑器、编译器、调试器和图形用户界面等工具。

在介绍 Jupyter Notebook 之前，让我们先来看一个概念：文学编程（literate programming），这是由人工智能之父 Donald Knuth 提出的编程方法。传统的结构化编程，人们需要按计算机的逻辑顺序来编写代码；与此相反，文学编程则可以让人们按照自己的思维逻辑来开发程序。

简单来说，文学编程的读者不是机器，而是人。我们从写出让机器读懂的代码，过渡到向人们解说如何让机器实现我们的想法，其中除了代码，更多的是叙述性的文字、图表等内容。这正是数据分析人员所需要的编码风格，不仅要当好一个程序员，还得当好一个作家。那么Jupyter Notebook就是不可或缺的一款集编程和写作于一体的效率工具。

Jupyter就像神器一样，成为在所有职业类型里最流行的Python IDE。原因如下：

① 简单易用。Jupyter属于Anaconda体系，而Anaconda集成的Python功能，支持Python 3以上的版本，Anaconda安装比Python安装省事多了，Python的各种库安装麻烦，需手工检查问题，而Anaconda中根本不用考虑，是自动完成。从UI易用性来看，Jupyter对变量的查看、调试比Python好得多。程序的每一步都可以单独运行输出，调试直观方便。

② 极其适合数据分析。想象一下如下混乱的场景：你在终端中运行程序，可视化结果却显示在另一个窗口中，包含函数和类的脚本存在其他文档中，更可恶的是你还需另外写一份说明文档来解释程序如何执行以及结果如何。此时 Jupyter Notebook "从天而降"，将所有内容收归一处，你是不是感觉思路更加清晰了呢？

③ 支持多语言。也许你习惯使用R语言来做数据分析，或者是想用学术界常用的Matlab和Mathematica，这些都不成问题，只要安装相对应的核（kernel）即可。

④ 分享便捷。Jupyter Notebook不仅能在文档中执行代码，还能以网页形式分享。GitHub中天然支持Notebook展示，也可以通过 nbviewer 分享你的文档。当然也支持导出成 HTML、Markdown 、PDF 等多种格式的文档。

⑤ 远程运行。在任何地点都可以通过网络连接远程服务器来实现运算。

⑥ 交互式展现。Jupyter Notebook 是一个非常强大的工具，可以创建漂亮的交互式文档，制作教学材料等。它不仅可以输出图片、视频、数学公式，甚至可以呈现一些互动的可视化内容，比如可以缩放地图或者是可以旋转的三维模型。这就需要交互式插件（Interactive widgets）来支持，更多内容请参考http://jupyter.org/widgets.html。

5.3.2 Jupyter新建项目

首先，打开Jupyter（方法见上节）。

启动界面显示了当前文件目录信息。

Jupyter保存文件的根目录，对应操作系统登录用户文档目录。

点击登录界面右上方的新建目录按钮。

勾选新建的默认名叫Untitled Folder的目录。

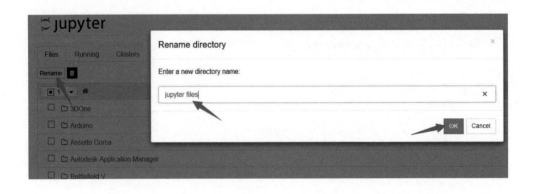

单击左上角的Rename按钮，输入新的项目文件夹名叫jupyter files，点击确认。

单击目录名进入新建的文件夹。

进入工作目录后新建Python程序文件。

进入代码编辑页面后先点击左上角的文件名，进行文件名定义。

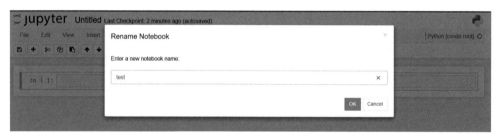

我们的第一个Python程序文件命名为test。

保存文件名后，可以在电脑工作目录看到扩展名叫ipynb的test程序文件。

5.3.3 Jupyter交互式的Python命令行

下面，就可以在新建的test文件里编辑运行Python程序了。

我们通过一个简单的加法计算实例介绍下Jupyter交互命令行的使用方法。

输入完a=1命令后回车，你会发现Jupyter换行后没有开启新的命令行单元格。

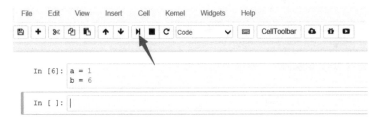

继续输入b=6命令后点击上方右箭头按钮或快捷键"Shift+回车"运行单元格内的命令。因为赋值命令没有输出操作所以还看不到结果。

> ⚠️ **注意** 区分"Shift+回车"与"Ctrl+回车"两种单元格运行方式的不同，"Shift+回车"是运行后插入或选中下方新的单元格，"Ctrl+回车"是运行后维持选中当前单元格不变。

输入变量名后"Shift+回车"即可看到交互的Python命令行单元格运行结果，而且还可以进行a+b实时的运算。

比较两种a+b运算结果的输出方式，体现交互式命令行编程的优势，即不用书写打印命令"print"，直接键入变量名或者运算公式就可以实时观察变量的运行情况。

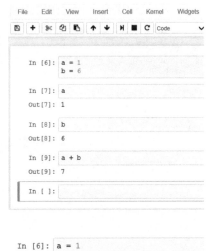

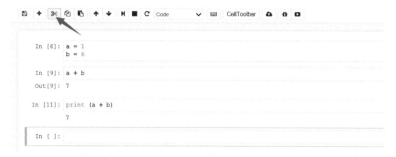

最后，多余或书写错误的命令行单元格可以通过剪刀按钮删除。

5.3.4 Jupyter编写文档

Jupyter不仅可以写代码，还可以用Markdown语法写注释说明文档。

> 📝 Markdown是一种可以使用普通文本编辑器编写的标记语言，通过简单的标记语法，它可以使普通文本内容具有一定的格式。

（1）标题和正文的书写

点击左上角加号新建命令行单元格，并选取语法格式为Markdown。

输入如上图所示Markdown语法后运行单元格（#号与标题文字之间要有空格）。

⚠️ **注意** 有的电脑播放器软件会占用键盘的#号键，导致Jupyter无法输入井号，可以尝试关闭干扰的软件或通过输入法的符号大全功能输入。

三个级别标题不同的运行输出效果。

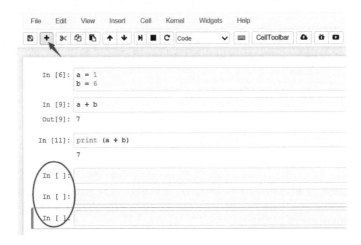

下面我们来给上面这段代码加上标题注释。

点击三下加号，新建三个命令行单元格。

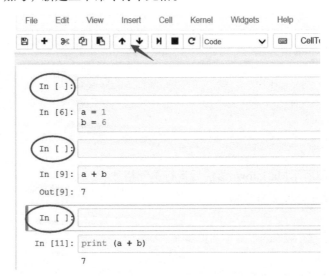

分别选中新建的单元格，用上下箭头按钮调整单元格到代码上方的标题位置。

输入如上图所示的标题代码。

选择单元格菜单里的运行全部。

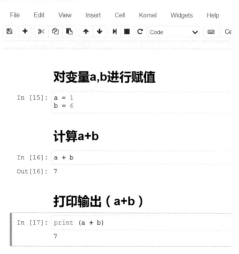

最终文档和代码结合的效果见上图。

（2）插入图片

最后介绍一下Jupyter的插图方法。

把要插入文档的图片放到程序文件的相同目录下。

Markdown语法输入"! [](table.png)"。

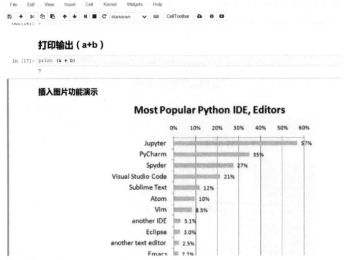

运行单元格的效果见上图。

以上就是Jupyter Notebook的简易使用教程，关于更多的高级用法请读者自行查阅资料深入学习。

5.4 > Ubuntu虚拟机环境搭建

本节我们来讲一下如何在Windows下安装虚拟机，并在虚拟机下安装Ubuntu系统。

有的读者一定会问，我已经在Windows下搭建好了Python+TensorFlow（或Anaconda）环境，开发也一直用它，用得好好的，为什么还要了解如何搭建虚拟机+Ubuntu环境？这不是多此一举吗？当然不是！原因有三：其一，我们知道，Python是跨平台的，不但能支持Windows系统，也可以支持Linux系统；其二，有不少人，他们的台式机或笔记本使用的就是Linux系统，不是传统的Windows系统；其三，也是最重要的一点，如果你将来有机会进入公司，经历过实际的项目就会知道，许多人工智能公司（甚至是大部分公司）的开发环境都是基于Linux而非Windows的。所以只知道在Winodws下如何使用Python+TensorFlow开发是不够的，还要了解如何安装Linux系统，以及如何在Linux系统下安装开发环境，为将来走向工作岗位、出色完成开发工作打基础、做准备。

在介绍如何搭建虚拟机+Ubuntu环境之前，先来了解一下虚拟机和Linux。

5.4.1 简介

（1）虚拟机

虚拟机（Virtual Machine）指通过软件模拟的具有完整硬件系统功能的运行在一个完全隔离环境中的完整计算机系统。流行的虚拟机软件有VMware(VMWare ACE）、Virtual Box和Virtual PC，它们都能在Windows系统上虚拟出多个计算机。

虚拟机可以模拟出其他种类的操作系统，本节我们就使用VMware虚拟机在Windows下虚拟出一台运行Linux操作系统的计算机。

（2）Linux

Linux操作系统诞生于1991年10月5日（第一次正式向外公布时间），其创始人是业界与比尔·盖茨齐名的林纳斯·托瓦兹（Linus Benedict Torvalds）。Linux是一套

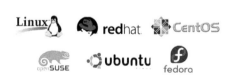

免费使用和自由传播的类Unix操作系统，是一个基于POSIX和Unix的多用户、多任务、支持多线程和多CPU的操作系统。它能运行主要的Unix工具软件、应用程序和网

络协议，支持32位和64位硬件。Linux可安装在各种计算机硬件设备中，比如手机、平板电脑、路由器、视频游戏控制台、台式计算机、大型机和超级计算机。

严格来讲，Linux这个词本身只表示Linux内核，但实际上人们已经习惯了用Linux来形容整个基于Linux内核，并且使用GNU 工程各种工具和数据库的操作系统。Linux存在着许多不同的Linux版本（如上图所示），但它们都使用了Linux内核。我们本节要安装的Ubuntu系统就是众多Linux版本中的一个。

（3）Ubuntu

Ubuntu（乌班图）是一个以桌面应用为主的开源GNU/Linux操作系统，Ubuntu 是基于Debian GNU/Linux，支持x86、AMD64（即x64）和ppc架构，由全球化的专业开发团队（Canonical Ltd）打造的。Ubuntu这一名称来自非洲南部祖鲁语或豪萨语的"ubuntu"一词，类似儒家"仁爱"的思想，意思是"人性""我的存在是因为大家的存在"，是非洲传统的一种价值观。

Ubuntu由马克·舍特尔沃斯(Mark Shuttleworth)创立，其首个版本Ubuntu 4.10是以Debian为开发蓝本，发布于2004年10月20日。Ubuntu的开发目的是为了使个人电脑变得简单易用，同时也提供针对企业应用的服务器版本。

5.4.2 环境准备

① 装有Windows系统的电脑或笔记本一台（Win7及以上，32位/64位，推荐8GB及以上内存）。

② VMware安装软件（VMware Workstation，请自行下载，注意选择与你电脑位宽相对应的版本。笔者的版本为VMware_workstation_full_12.5.2.exe 64位）。

③ Ubuntu iso镜像文件（请自行下载，同样注意选择与你电脑位宽相对应的版本。笔者的版本为ubuntu-14.04-desktop-amd64.iso）。

5.4.3 VMware虚拟机安装

① 双击"VMware_workstation_xxx.exe"可执行程序，弹出如右图所示界面。

② 鼠标左键点击"下一步"按钮，在下一界面中勾选"我接受许可协议中的条款"复选框，如下图所示。

③ 点击"下一步"按钮。之后根据界面提示，选择安装路径以及创建快捷方式等选项，设置好后点击"安装"按钮，开始安装，如下图所示。

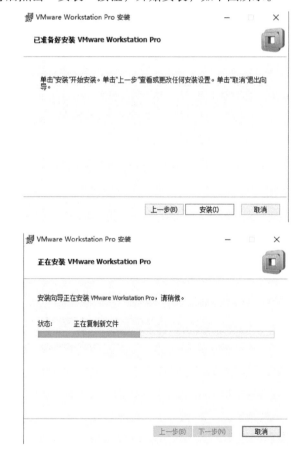

④ 安装过程大概需要几分钟到十几分钟，视电脑配置而定。完成后进入如下图所示界面。

⑤ 点击"许可证"按钮，出现如下图所示界面。

⑥ 输入许可证密钥（版权原因，密钥请自行获取），之后点击"继续"按钮，进入如下图所示界面。

⑦ 点击"完成"按钮，安装完成。

扫一扫，看视频

> ⓘ 详细安装步骤请扫二维码观看配套视频。

5.4.4 VMware下创建虚拟机

① 双击"VMware_workstation_xxx.exe"可执行程序，弹出如下图所示界面。

② 点击"创建虚拟机"按钮，之后依次在各步骤界面中进行设置，直到完成。

注 篇幅所限，详细安装步骤请扫二维码观看配套视频。

扫一扫，看视频

5.4.5 虚拟机下安装Ubuntu

① 在上面最后一步中，点击"完成"按钮后，开始安装Ubuntu过程，如下图所示。

② 整个过程比较漫长，与计算机性能以及网络速度均有关系，少则半个小时，多则几个小时。中间过程的界面有很多，在此就不一一贴出了。

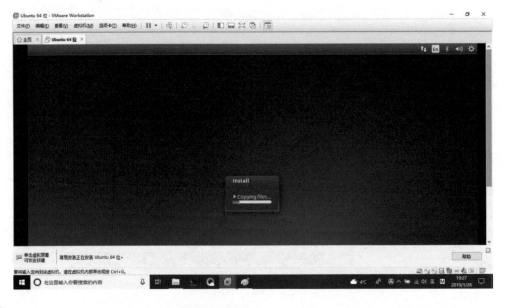

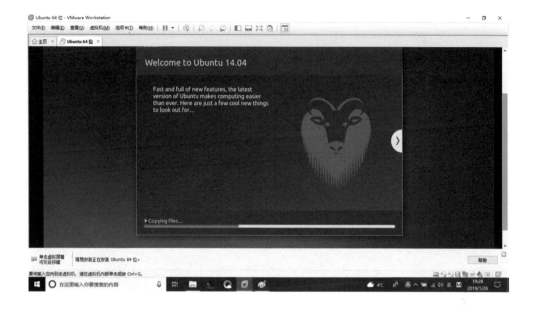

③经过了"漫长"（几个小时）的等待，Ubuntu安装完成，如下图所示。

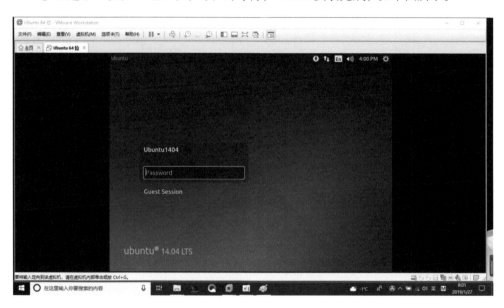

④输入密码（创建虚拟机时设置），进入Ubuntu主界面，如下图所示。

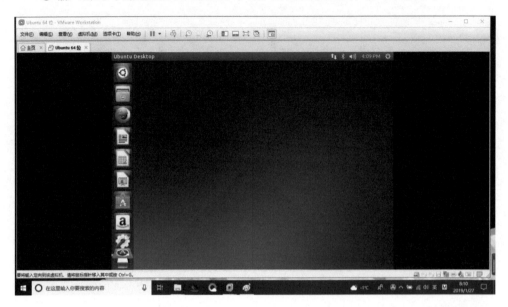

> ⓘ 详细步骤请扫二维码观看配套视频。

至此，Ubuntu虚拟机环境搭建全部完成。

扫一扫，看视频

5.5 ➤ 树莓派开源硬件简介

Raspberry Pi(中文名为树莓派，简写为RPi，或者RasPi/RPi)是为学生计算机编程教育而设计，只有信用卡大小的卡片式电脑，其系统基于Linux。我们可以用它开发想要的设备。

> ⓘ 树莓派由注册于英国的慈善组织"Raspberry Pi 基金会"开发，埃·厄普顿为项目带头人。这一基金会以提升学校计算机科学及相关学科的教育，让计算机变得有趣为宗旨。基金会期望这一款电脑无论是在发展中国家还是在发达国家，会有更多的应用被开发出来，应用到更多领域。

官网：https://www.raspberrypi.org/

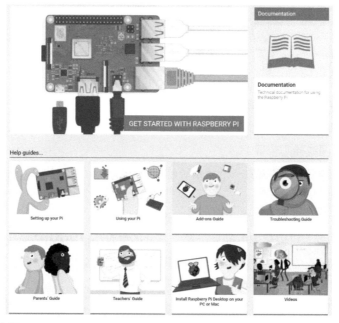

官网详细教程：https://www.raspberrypi.org/help/

在玩转树莓派之前，先要准备一些外围输入/输出设备，这里罗列了一些必需的东西。

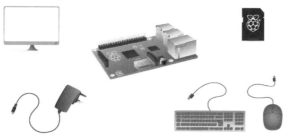

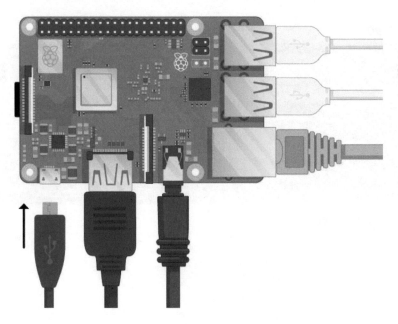

① 树莓派：这是主角。图示为第三代树莓派接口示意图。

② 网线：新版树莓派自带无线网卡，当然也预留有LAN口可以插网线（上图右下侧绿色为网线插头位置）。

③ SD卡：树莓派需要一张装系统软件的存储卡。这张卡容量当然越大越好，尽量大于8GB。

④ 读卡器：需要把树莓派系统烧录进SD卡。

⑤ 显示器：可以使用电脑显示器，不过还需要一根HDMI转换线（上图下方红色的为显示器插头位置）。显示器作为树莓派的输出设备不是必需的。无头模式又叫网络远程控制无屏模式，是指通过远程登录方式，如用SSH命令行指令或者VNC远程桌面控制服务访问树莓派系统对其进行管理操作的方式。

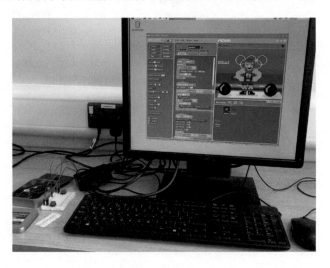

⑥ 鼠标和键盘：鼠标键盘或其他USB设备可以插在上图右侧白色接头位置。

树莓派里自带系统和编程学习软件，如Scratch。

树莓派作为电脑主机，可以有效降低机房的建设成本，节省空间。

（1）树莓派GPIO介绍

GPIO（General Purpose I/O Ports）意思为通用输入/输出端口，如同Arduino等开源硬件，树莓派也有两排输入/输出引脚，可以通过软件编程控制引脚的输出或读取引脚输入的状态。

GPIO是个比较重要的概念，用户可以通过GPIO口和硬件进行数据交互，控制硬件工作(如LED、蜂鸣器等)，读取硬件的工作状态信号（如中断信号）等。GPIO口的使用非常广泛，它是树莓派和其他硬件联动的接口。

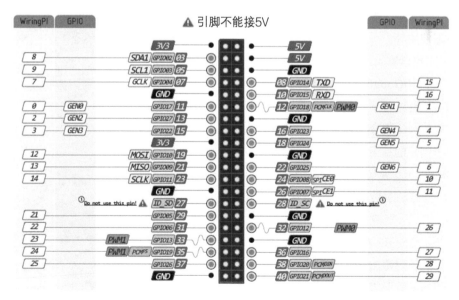

各个引脚的功能定义见上图。

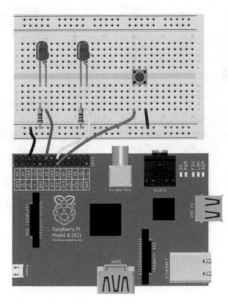

如上图所示实例，通过对树莓派编程可以实现开关控制LED灯切换的功能。

（2）树莓派与Arduino的区别

相比其他开源硬件，树莓派功能更强大，自带操作系统，支持C、Python、Java等编程语言。其本身就是一台缩小的PC，可以用树莓派调试Arduino 或者和Arduino联动。它支持多任务，集成Wi-Fi模块，可以与网络连接、做服务器使用等。

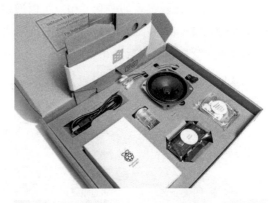

（3）树莓派与人工智能

2017年Google 联手树莓派发布开源 AI 硬件Voice Kit。

Voice Kit语音套件是一个利用树莓派来创建的基于语音的虚拟助手。

Voice Kit 是 Google 的首个开源AIY（自己动手做AI人工智能开发）项目。

有了Google AI项目的加持，极大地扩展了树莓派产品的功能。

如本书后面将介绍的树莓派利用TensorFlow实现小车自动驾驶案例，

其中，树莓派扮演着重要的角色，就像人类的大脑，它负责数据采集、处理、小车控制等重要任务。

自动驾驶电动车二楼板上的树莓派就是AI的大脑。

在可预见的未来，各类开源软硬件项目将与AI人工智能结合，让人机交互体验达到前所未有的高度，其中，树莓派将"大展拳脚"。

第6章

人工智能应用案例

通过前面的学习，相信你对TensorFlow这个人工智能深度学习开源计算框架已经不再陌生。从本章开始，将带大家进阶学习人工智能应用案例，介绍一些当今最流行的人工智能开源项目应用。

6.1 > 可视化神经网络训练平台：TensorFlow游乐场

本节将带大家通过TensorFlow游乐场（https://playground.tensorflow.org）来进一步了解神经网络的工作原理。

TensorFlow游乐场是一个通过网页浏览器就可以训练的简单神经网络，并实现了可视化训练过程的工具。如下图所示为TensorFlow游乐场的网页可视化神经网络训练过程界面。

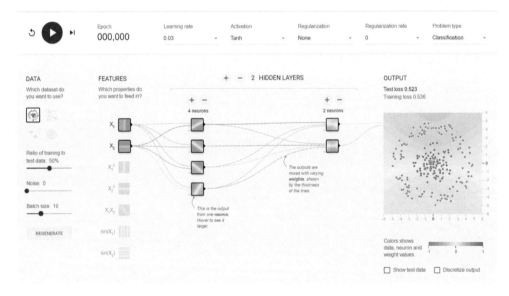

游乐场（PlayGround）代表设计一个神经网络，不要怕错，大胆尝试。PlayGround是一个在线演示、实验的神经网络平台，这个图形化平台将神经网络的训

练过程直接可视化，让我们对TensorFlow有一个感性的认识，就像一个学习人工智能的"游乐场"。

游乐场的页面如下图所示，主要分为DATA（数据）、FEATURES（特征输入层）、HIDDEN LAYERS（隐含层）、OUTPUT（输出层）。

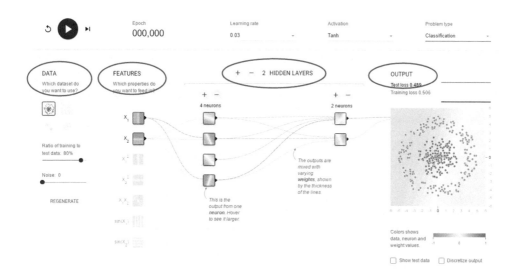

DATA一栏里提供了4种不同形态的数据集，分别是圆形、异或（XOR）、高斯和螺旋。默认模型要解决数据的二分类问题，所以平面内的数据分为蓝色和黄色两类。

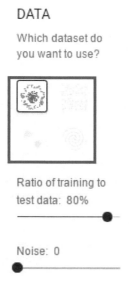

四种二维数据集形态见下图。

除此之外，PlayGround的DATA还提供了非常灵活的数据配置，可以调节训练数据和测试数据的比例，并且可以调节数据中的噪声比例来模拟真实数据噪声。

如上图所示的80%代表训练数据和测试数据的比例，即总数据集的80%用来训练模型，20%用来测试模型。

在训练的过程中可以实时看到训练集和测试集的误差率。

我们之前提到过，一般模型在训练集的准确率都要高于测试集的准确率，就像学生学习一样，做练习的成绩会好于考试成绩的道理。但是，如果模型设计得合理健壮，迭代训练到最后测试集损失线和训练集损失线会基本重叠，也就是常说的模型经过训练学习后成功收敛，人工智能学习到了数据集的规律。

如下图所示训练后成功收敛的神经网络模型，测试集误差4%，训练集误差3%，两条线基本重合。

OUTPUT

Test loss 0.039
Training loss 0.029

噪声的影响对比如下图所示。

噪声为0的螺旋数据集见下图。

Noise: 0

噪声为30%的螺旋数据集见下图。

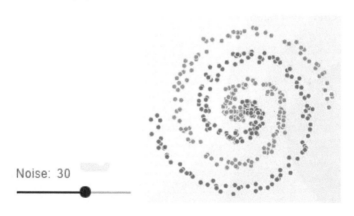

Noise: 30

  通过在训练数据中加入噪声，可以更好地模拟真实的数据质量，测试深度学习模型的鲁棒性。另有研究表明，在数据和有些算法中加入噪声会提升网络的推理能力和泛化能力。

> (注) 鲁棒是Robust的音译，也就是健壮和强壮的意思。好的模型可以消除这种噪声，即模型具有鲁棒性。
>
>   泛化能力（generalization ability）是指机器学习算法对新鲜样本的适应能力。学

习的目的是学到隐含在数据背后的规律，对具有同一规律的学习集以外的数据，经过训练的网络也能给出合适的输出，该能力称为泛化能力。

FEATURES一栏包含了可供选择的7种特征属性：X_1、X_2、X_1^2、X_2^2、X_1X_2、$\sin(X_1)$、$\sin(X_2)$。

FEATURES

Which properties do you want to feed in?

如上图中，X_1可以看成以横坐标分布的数据特征，X_2是以纵坐标分布的数据特征，X_1^2和X_2^2是非负的抛物线分布，X_1X_2是双曲抛物面分布，$\sin(X_1)$和$\sin(X_2)$是正弦分布。我们的目标就是通过这些特征的分布组合将两类数据（蓝色和黄色）区分开，这就是训练的目的。

HIDDEN LAYERS一栏可设置添加多少层隐含层。一般来讲，隐含层越多，神经网络越复杂，衍生出的特征类型也就越丰富，对于分类的效果也会越好，但不是越多越好，层数多了训练的速度会变慢，同时收敛的效果不一定会更好。

隐含层结构中层与层之间的连线粗细表示权重的绝对值大小，我们可以把鼠标放在线上查看权值，也可以点击修改。

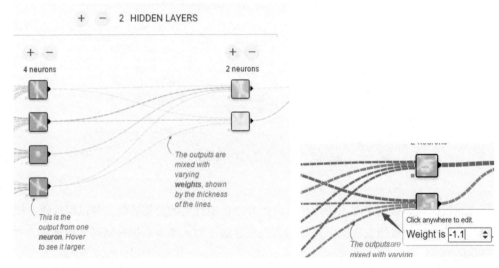

黄色线代表权重值是负数，蓝色线代表正数。

> **注** 训练深度学习神经网络的问题实际上是如何有效合理地更新每个神经元权重的问题。神经网络的输出是一个包含非常多权重参数的复杂函数。

OUTPUT一栏将输出的训练过程直接可视化，通过Test loss和Training loss来评估模型学习的好坏。

输出模型见右图。

勾选下面的离散输出（Discretize output）选项，因为我们这里主要观察的是二分类离散输出结果。

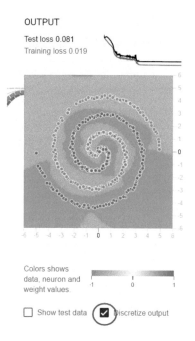

Colors shows
data, neuron and
weight values.

☐ Show test data   ☑ Discretize output

> **注** 分类和回归的区别在于输出变量的类型。分类的输出是离散的，回归的输出是连续的。定量输出称为回归，或者说是连续变量预测；定性输出称为分类，或者说是离散变量预测。若我们欲预测的是离散值，例如"好瓜""坏瓜"，此类学习任务称为"分类"。若欲预测的是连续值，例如西瓜的成熟度0.95、0.37，此类学习任务称为"回归"。

除了以上主要的四个部分外，在界面上还有一排控制神经网络的参数，从左到右分别是：训练的开关、迭代次数、学习速率、激活函数、模型解决问题的类型。

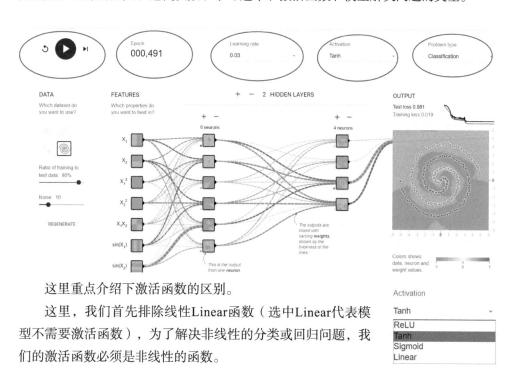

这里重点介绍下激活函数的区别。

这里，我们首先排除线性Linear函数（选中Linear代表模型不需要激活函数），为了解决非线性的分类或回归问题，我们的激活函数必须是非线性的函数。

（1）Logistic函数

Logistic函数（又称为Sigmoid函数）的数学表达式和函数图像如下图所示。

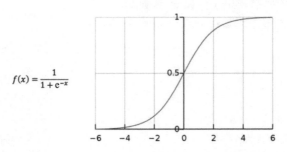

$$f(x) = \frac{1}{1+e^{-x}}$$

Logistic函数在定义域上单调递增，值域为（0，1），越靠近两端，函数值的变化越平缓。因为Logistic函数简单易用，以前的神经网络经常使用它作为激活函数，但是由于Logistic函数存在一些缺点，使得现在的神经网络已经很少使用它作为激活函数了。它的缺点之一是容易饱和，从函数图像可以看到，Logistic函数只在坐标原点附近有很明显的梯度变化，其两端的函数变化非常平缓，这会导致我们在使用反向传播算法更新参数的时候出现梯度消失的问题，并且随着网络层数的增加问题会越严重。

（2）Tanh函数

Tanh函数（双曲正切激活函数）的数学表达式和函数图像如下图所示。

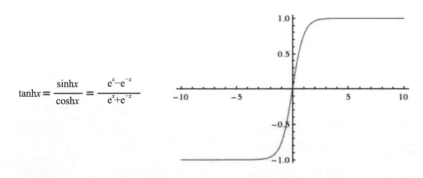

$$\tanh x = \frac{\sinh x}{\cosh x} = \frac{e^x - e^{-x}}{e^x + e^{-x}}$$

Tanh函数很像是Logistic函数的放大版，其值域为（-1，1）。在实际的使用中，Tanh函数要优于Logistic函数，但是Tanh函数也同样面临着在其大部分定义域内都饱和的问题。

（3）ReLU函数

ReLU函数（又称修正线性单元或整流线性单元）是目前最受欢迎也是使用最多的激活函数，其数学表达式和函数图像如下图所示。

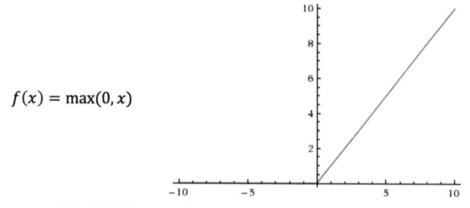

$$f(x) = \max(0, x)$$

ReLU激活函数的收敛速度相较于Logistic函数和Tanh函数要快很多，ReLU函数在轴左侧的值恒为零，这使得网络具有一定的稀疏性，从而减小参数之间的依存关系，缓解过拟合的问题，并且ReLU函数在轴右侧的部分导数是一个常数值1，因此其不存在梯度消失的问题。但是ReLU函数也有一些缺点，例如ReLU的强制稀疏处理虽然可以缓解过拟合问题，但是也可能产生特征屏蔽过多，导致模型无法学习到有效特征的问题。

除了上面介绍的三种激活函数以外，还有很多其他的激活函数，包括一些对ReLU激活函数的改进版本等，但在实际的使用中，目前依然是ReLU激活函数的效果更好。现阶段激活函数也是一个很活跃的研究方向，感兴趣的读者可以去查询更多的资料。

我们接下来尝试了几个例子，读者可以自行去摸索或观看本节的配套视频。

扫一扫，看视频

由于我们要测试的是简单二分类问题，首先在DATA一栏选择如下图这种简单高斯分布数据集。

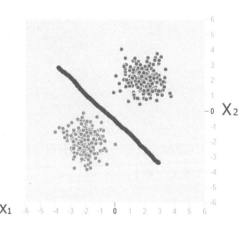

为了方便理解，我们把这个数据假设成记录傍晚的大气压和湿度这两个因子与第二天是否下雨关系的统计样本。X_1代表傍晚的大气压，X_2代表傍晚的空气湿度，黄色的点（X_1，X_2）代表这组数据对应着第二天会下雨，蓝色代表第二天不会下雨。

深度神经网络学习要完成的任务就是掌握样本数据的内在规律，找一条能划分两类的边界线，见上图，红线左下的数据代表会下雨，红线右上代表不会下雨。之后训练好的模型就可以根据气压和湿度这两个因子成功预测第二天是否会下雨。

任务清楚后，我们开始设置神经网络参数。首先考虑的是激活函数的影响，下面比较一下Sigmoid函数和ReLU函数：

① 选择Sigmoid函数作为激活函数，明显能感觉到训练的时间很长，ReLU函数能大大加快收敛速度，这也是现在大多数神经网络都采用的激活函数。

② 当把隐含层数加深后，会发现Sigmoid函数作为激活函数，训练过程loss降不下来，这是因为Sigmoid函数反向传播时出现梯度消失的问题（在Sigmoid接近饱和区时，变换太缓慢，导数趋于0，这种情况会造成信息丢失）。

推荐读者自己可以多尝试一下，比较各种激活函数的不同。

如下图用80%的数据集训练并加入了5%的噪声，经过181轮训练后，模型达到了很好的分类效果。

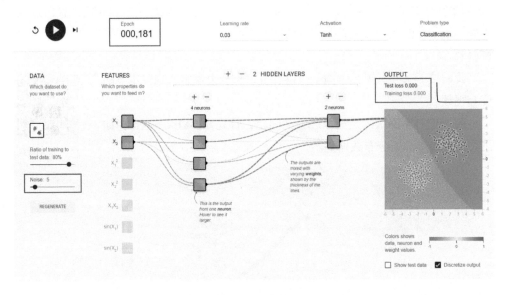

在训练复杂螺旋分类问题时，我们一开始没有改变隐藏层的神经元数量，尝试用ReLU激活函数来加快学习速度。如下图所示。

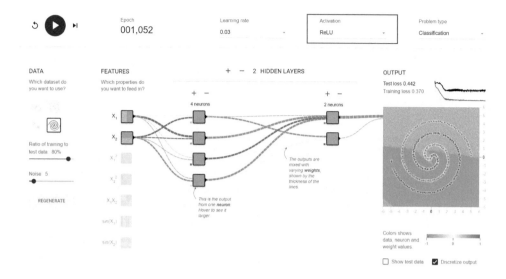

　　模型经过1000轮数据训练收敛效果不明显，测试集误差始终维持在44%，从输出图像可以看出将近一半的黄蓝数据没有被区分出来。

　　此时要想改善模型的训练效果可以通过两种手段，首先在输入层引入更多数据特征的组合，如下图所示。

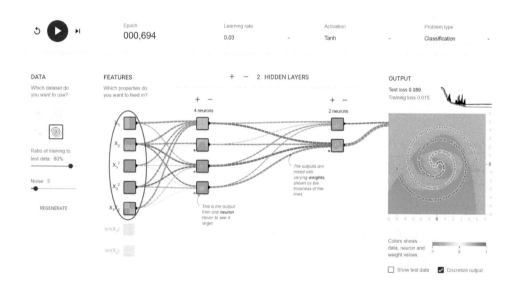

　　通过加入更多数据特征的组合，在700轮训练后模型的分类误差在9%左右。

　　而在现实应用中，我们很难找到更多适合的数据特征组合，这时就需要我们来加深神经网络隐藏层的结构，让神经网络变得更加复杂，去进一步分析学习有限数据的内部规律。

如下图所示，仍然维持X_1、X_2两个特征输入，把整个神经网络的结构加大到7层。

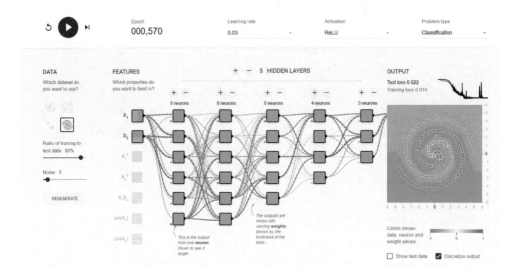

相比上个实验，模型在不到600轮的训练后误差快速收敛到2%左右，达到预期的分类效果。本实验告诉我们，越复杂的神经网络越"聪明"，就像小狗一般不会计算数学题，而它的主人却可以。

通过TensorFlow游乐场可视化神经网络的训练过程，让我们对TensorFlow这个开源框架和深度学习神经网络有了感性的认识，下节开始给大家介绍一些有趣的TensorFlow深度学习项目应用。

6.2 ➤ 自然语言处理之垃圾短信判别

6.2.1 简介

自然语言处理（Natural Language Process，NLP）是计算机科学领域与人工智能领域中的一个重要方向。它研究能实现人与计算机之间用自然语言进行有效通信的各种理论和方法，是一门融语言学、计算机科学、数学于一体的科学。

如果你觉得上面的定义太过专业化，那么我们换一种通俗的解释。自然语言处理就是让计算机能与人之间用人类语言进行交互、交流的学科。编过程序的人都知道，以前的人机交互必须是人利用机器能识别的编程语言写出程序指令，控制机器进行相应动作，这一过程即人机交互。这相当于人"入乡随俗"，按照机器世界的规则、套路进行"游戏"。

自然语言处理可以让机器进入人类世界,理解人类的语言,按照人类的语言规则和人进行交互。

自然语言处理是计算机科学、人工智能、语言学关注计算机和人类(自然)语言之间相互作用的领域,解决的是"让机器可以理解人类自然语言"。这一极其重要艰难的问题,被誉为"人工智能皇冠上的明珠"。

6.2.2 主要范畴

自然语言处理的主要范畴包括:

· 文本朗读(Text to speech)/语音合成(Speech synthesis);

· 语音识别(Speech recognition);

· 中文自动分词(Chinese word segmentation);

· 词性标注(Part-of-speech tagging);

· 句法分析(Parsing);

· 自然语言生成(Natural language generation);

· 文本分类(Text categorization);

· 信息检索(Information retrieval);

· 信息抽取(Information extraction);

· 文字校对(Text-proofing);

· 问答系统(Question answering);

· 机器翻译(Machine translation);

· 自动摘要(Automatic summarization);

· 文字蕴涵(Textual entailment)。

6.2.3 机器学习判别垃圾短信原理

通过前面的介绍,自然语言处理是一个内容十分丰富的领域,如果把自然语言处理各个方面、各个细节完全讲到、讲透彻,恐怕几天、几月甚至几年也未必能讲得完。限于本书性质及篇幅,我们选择其中一个应用场景——垃圾短信判别进行介绍,结合实际代码,使读者能对自然语言处理的真实应用场景有切身的理解和体会。

我们将使用UCI机器学习数据库中的垃圾短信文本数据集(https://archive.ics.uci.edu/ml/datasets/SWS+Spam+Collection),该垃圾短信数据集中有正常短信和垃圾短信。我们将下载该数据集并存储以备后用。然后用"词袋"的方法处理,通过TensorFlow进行训练,训练好后对一条文本是否为垃圾短信进行预测,并计算预测的准确度。

词袋模型（Bag-of-words model）是在自然语言处理时被简化的表达模型。词袋模型就像把句子拆分成词放在一个袋子里面，这种表现方式不考虑文法以及词的顺序，词出现的频率可以用来当作训练分类器的特征，即句子中的词频特征作为机器学习语意的依据。词是文本最基本的元素，当然中文的话就是"字"，不过我们处理中文的时候也是喜欢把文本分成一个个词语，也就是我们的分词任务。

> ❶ 不论是中文还是英文，字或单词都不能用来直接进行训练及预测，必须转换成相应数字（数值），之后才可以进行进一步处理。我们创建字典，以及词嵌入查询的过程都是为了将字或单词转换为与其对应的数值。

6.2.4 实践TensorFlow分词处理辨别语意

打开Jupyter，新建项目文件夹"NLP"，在"NLP"文件夹下新建项目文件"Spam"（具体步骤请参见第5章）。

按照以下步骤输入代码（建议读者每做一步观察一下其执行结果，这样有助于把每一步实现的功能弄清楚）。

① 导入必要的编程库。代码如下：

```
import sys
import os
import io
import numpy as np
import tensorflow as tf
import matplotlib.pyplot as plt
import csv
import string
import requests
from zipfile import ZipFile
from tensorflow.contrib import learn
```

② 下载垃圾短信文本数据集。为了让脚本运行时不用每次都重新下载，我们将下载文件存储到项目文件夹下。下载完成数据集后，抽取输入数据和目标数据，并调整目标值[垃圾短信（spam）置为1，正常短信（ham）置为0]。代码如下：

```
#数据下载后存入文件的名称
save_file_name = os.path.join("data_source", "spam_data.csv")
```

```
#如果文件已经存在,直接读入,无须下载
text_data = []
if os.path.isfile(save_file_name):
  with open(save_file_name, 'r') as temp_output_file: #以只读方式打开文件
    reader = csv.reader(temp_output_file)
    for row in reader:
      print("row is:")
      print(row)
      text_data.append(row)
#如果文件不存在,说明没有下载过,则下载文本数据集
else:
    zip_url = "http://archive.ics.uci.edu/ml/machine-learning-
databases/00228/smsspamcollection.zip" #数据集下载链接
  r = requests.get(zip_url)
  z = ZipFile(io.BytesIO(r.content))
  file = z.read("SMSSpamCollection")
  #格式化数据
  text_data = file.decode()
  text_data = text_data.encode("ascii", errors="ignore")
  text_data = text_data.decode().split('\n')
  text_data = [x.split('\t') for x in text_data if len(x)>=1]
  #保存到本地文件
  with open(save_file_name, "w", newline="") as temp_output_
file: #以只写方式打开文件,newline=""避免了写入一行后自动增加一个空行
  writer = csv.writer(temp_output_file)
  writer.writerows(text_data)
```

#如果文件已经存在,直接读入,无须下载

#分别获得文本和对应标签

```
texts = [x[1] for x in text_data]
target = [x[0] for x in text_data]
```

#将标签转换为数字,"spam"(垃圾短信)转换为0,"ham"(正常短信)转换为1

```
target = [1 if x=="spam" else 0 for x in target]
```

> 注 a. CSV是一种通用的、相对简单的文件格式,被用户、商业和科学广泛应用。它可以用Excel打开。
>
> b. 数据下载后保存的文件内容格式如下图所示。其中第一列是短信的标签,垃圾短信为spam,正常短信为ham;第二列是短信的内容。

	A	B	C	D	E	F	G	H	I	J	K	L	M	N	O	P	Q	R	S
1	ham	Go until jurong point, crazy.. Available only in bugis n great world la e buffet... Cine there got amore wat...
2	ham	Ok lar... Joking wif u oni...
3	spam	Free entry in 2 a wkly comp to win FA Cup final tkts 21st May 2005. Text FA to 87121 to receive entry question(std txt rate)T&C's apply 08452810075over18's
4	ham	U dun say so early hor... U c already then say...
5	ham	Nah I don't think he goes to usf, he lives around here though
6	spam	FreeMsg Hey there darling it's been 3 week's now and no word back! I'd like some fun you up for it still? Tb ok! XxX std chgs to send, 1.50 to rcv
7	标签	Even my brother is not like to speak with me. They treat me like aids patent.
8	ham	As per your request 'Melle Melle (Oru Minnaminunginte Nurungu Vettam)' has been set as your callertune for all Callers. Press *9 to copy your friends Callertune
9	spam	WINNER!! As a valued network customer you have been selected to receivea 900 prize reward! To claim call 09061701461. Claim code KL341. Valid 12 hours only.
10	spam	Had your mobile 11 months or more? U R entitled to Update to the latest colour mobiles with camera for Free! Call The Mobile Update Co FREE on 08002986030
11	ham	I'm gonna be home soon and i don't want to talk about this stuff anymore tonight, k? I've cried enough today.
12	spam	SIX chances to win CASH! From 100 to 20,000 pounds txt> CSH11 and send to 87575. Cost 150p/day, 6days, 16+ TsandCs apply Reply HL 4 info
13	spam	URGENT! You have won a 1 week FREE membership in our 100,000 Prize Jackpot! Txt the word: CLAIM to No: 81010 T&C www.dbuk.net LCCLTD POBOX 4403LDNW1A7RW18
14	ham	I've been searching for the right words to thank you for this breather. I promise i wont take your help for granted and will fulfil my promise. You have been wond
15	ham	I HAVE A DATE ON SUNDAY WITH WILL!!
16	spam	XXXMobileMovieClub: To use your credit, click the WAP link in the next txt message or click here>> http://wap. xxxmobilemovieclub.com?n=QJKGIGHJJGCBL
17	ham	Oh k...i'm watching here:)
18	ham	Eh u remember how 2 spell his name... Yes i did. He v naughty make until i v wet.
19	ham	Fine if thats the way u feel. Thats the way its gota b
20	spam	England v Macedonia - dont miss the goals/team news. Txt ur national team to 87077 eg ENGLAND to 87077 Try:WALES, SCOTLAND 4txt/1.20 POBOXox36504W45WQ 16+
21	ham	Is that seriously how you spell his name?
22	ham	Im going to try for 2 months ha ha only joking
23	ham	So pay first lar... Then when is da stock comin...
24	ham	Aft i finish my lunch then i go str down lor. Ard 3 smth lor. U finish ur lunch already?
25	ham	Ffffffffff. Alright no way I can meet up with you sooner?
26	ham	Just forced myself to eat a slice. I'm really not hungry tho. This sucks. Mark is getting worried. He knows I'm sick when I turn down pizza. Lol
27	ham	Lol your always so convincing.
28	ham	Did you catch the bus ? Are you frying an egg ? Did you make a tea? Are you eating your mom's left over dinner ? Do you feel my Love ?
29	ham	I'm back & we're packing the car now, I'll let you know if there's room
30	ham	Ahhh. Work. I vaguely remember that! What does it feel like? Lol

③ 为了减少词汇量,我们对文本进行规则化处理。移除文本中大小写、标点符号和数字的影响。代码如下:

```
#全部转换为小写,消除大小写的影响
texts = [x.lower() for x in texts]
#去掉文本中的标点
```

```
texts = ["".join(c for c in x if c not in string.punctuation) for x in texts]
#去掉文本中的数字
texts = ["".join(c for c in x if c not in string.digits) for x in texts]
#去掉多余的空格
texts = [" ".join(x.split()) for x in texts]
```

④ 计算最长句子大小。我们使用文本数据记得文本长度直方图（见下图），并获取最佳截止点（本例中取值为25个单词）。代码如下：

```
text_lengths = [len(x.split()) for x in texts]
text_lengths = [x for x in text_lengths if x < 50] #去掉超过50的
长度,便于展示
```

#绘出柱状图

```
plt.hist(text_lengths, bins=25, facecolor='red', edgecolor='black')
plt.title("Histogram of words in each sentence in texts")
plt.show()
```

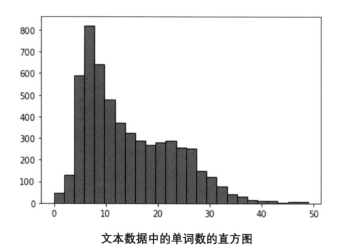

文本数据中的单词数的直方图

从图上可以看出，长度取25时已经涵盖了大部分的句子，大部分的句子长度都是在25以下的，所以我们设定句子的最大长度为25。

⑤ 利用TensorFlow自带的分词器vocabulary processor处理单词，建立词汇表。代码如下：

```
sentence_size = 25 #最大长度
min_word_freq = 3 #最小词频
vocab_processor = learn.preprocessing.VocabularyProcessor(sentence_size,
min_frequency=min_word_freq)
vocab_processor.fit_transform(texts)
embedding_size = vocab_processor.vocabulary_.__len__() #字典中词的个数
print(embedding_size)
```

⑥ 分割数据集为训练集和测试集。代码如下：

#训练集（数据集的80%左右）

```
train_indices = np.random.choice(len(texts), round(len(texts)*0.8), replace=False)
```

#测试集（数据集的20%左右）

```
test_indices = np.array(list(set(range(len(texts))) - set(train_indices)))
```

#分别得到训练集样本、标签和测试集样本、标签

```
texts_train = [x for idx, x in enumerate(texts) if idx in train_indices] #训练集样本
texts_test = [x for idx, x in enumerate(texts) if idx in test_indices] #测试集样本
target_train = [x for idx, x in enumerate(target) if idx in train_indices] #训练集标签
target_test = [x for idx, x in enumerate(target) if idx in test_indices] #测试集标签
```

⑦ 声明词嵌入矩阵。将句子单词转成索引，再将索引转成one-hot向量，该向量为单位矩阵。代码如下：

```
identity_mat = tf.diag(tf.ones(shape=[embedding_size]))
```

⑧ 声明逻辑回归变量，声明占位符。代码如下：

```
A = tf.Variable(tf.random_normal(shape=[embedding_size,1])) #从正态分布中
输出随机值
b = tf.Variable(tf.random_normal(shape=[1,1]))
x_data = tf.placeholder(shape=[sentence_size], dtype=tf.int32) #sentence_size=25
y_target = tf.placeholder(shape=[1,1], dtype=tf.float32)
```

⑨ 使用TensorFlow的嵌入查找函数来映射句子中的单词为单位矩阵的one-hot向量，然后把前面的词向量求和。代码如下：

```
x_embed = tf.nn.embedding_lookup(identity_mat, x_data)
x_col_sums = tf.reduce_sum(x_embed, 0)
```

⑩ 有了每个句子的固定长度的句子向量之后，我们进行逻辑回归训练，声明逻辑回归算法模型。代码如下：

```
x_col_sums_2d = tf.expand_dims(x_col_sums, 0) #扩维
model_output = tf.add(tf.matmul(x_col_sums_2d, A), b) #y = Ax +b
```

⑪ 声明训练模型的损失函数、预测函数和优化器。代码如下：

```
loss = tf.reduce_mean(tf.nn.sigmoid_cross_entropy_with_logits
(labels=y_target, logits=model_output))
prediction = tf.sigmoid(model_output)
opt = tf.train.GradientDescentOptimizer(0.001) #learning_rate=0.001
train_step = opt.minimize(loss)
```

⑫ 初始化计算图中的变量。代码如下：

```
init = tf.global_variables_initializer()
sess = tf.Session()
```

⑬ 开始迭代训练。代码如下：

```
loss_vec = []
train_acc_all = []
train_acc_avg = []

print("Start training over %d sentences." %(len(texts_train)))

for idx, t in enumerate(vocab_processor.fit_transform(texts_train)):
    y_data = [[target_train[idx]]]
    sess.run(train_step, feed_dict={x_data:t, y_target:y_data})
    temp_loss = sess.run(loss, feed_dict={x_data:t, y_target:y_data})
    loss_vec.append(temp_loss)


    if (idx+1) % 10 == 0: #每10句查看一次损失
        print("Training Observation #" + str(idx+1) + ": Loss = " +
    str(temp_loss))


#得到单一训练样本的精确度
[[temp_pred]] = sess.run(prediction, feed_dict={x_data:t, y_target:y_data})
print(temp_pred)
train_acc_temp = target_train[idx] == np.round(temp_pred) #四舍五入
train_acc_all.append(train_acc_temp)
#保留最后的50个值计算平均数
if len(train_acc_all) >= 50:
    train_acc_avg.append(np.mean(train_acc_all[-50:]))


#最新的精确度
if train_acc_avg:
print("The latest accuracy is:")
print(train_acc_avg[-1])
```

⑭ 训练结果如下:

```
Start training over 4459 sentences.
Training Observation #10: Loss = 9.8645e-06
Training Observation #20: Loss = 0.328211
Training Observation #30: Loss = 13.4591
Training Observation #40: Loss = 11.6853
Training Observation #50: Loss = 14.5019
............
Training Observation #4430: Loss = 2.12908
Training Observation #4440: Loss = 0.000444115
Training Observation #4450: Loss = 0.0268758
```

⑮ 为了得到测试集的准确度,我们重复处理过程,对测试文本只进行预测操作,而不进行训练操作。代码如下:

```
test_acc_all = []
        print("Getting test set accuracy for %d sentences."
        %(len(texts_test)))
        for idx, t in enumerate(vocab_processor.fit_
        transform(texts_test)):
                y_data = [[target_test[idx]]]
                if (idx+1) % 50 == 0:
                print("Test Observation #" + str(idx+1))
                #得到单一测试样本的精确度
                [[temp_pred]] = sess.run(prediction,
    feed_dict={x_data:t, y_target:y_data})
                test_acc_temp = target_test[idx]==np.
                round(temp_pred)
                test_acc_all.append(test_acc_temp)
        print("\nOvervall Test Accuracy: {}".format(np.
        mean(test_acc_all)))
```

⑯ 最终得到的预测结果准确度如下：

```
Getting test set accuracy for 1115 sentences.
Test Observation #50
Test Observation #100
Test Observation #150
...........
Test Observation #1000
Test Observation #1050
Test Observation #1100


Overvall Test Accuracy: 0.8017937219730942
```

可以看到，最终垃圾邮件判别的准确度在80%左右。

⑰ 在步骤⑮的代码中添加几行代码，针对一条短信预测其是否为垃圾邮件。

```
test_acc_all = []
print("Getting test set accuracy for %d sentences." %(len(texts_test)))
for idx, t in enumerate(vocab_processor.fit_transform(texts_test)):
y_data = [[target_test[idx]]]
if (idx+1) % 50 == 0:
        print("Test Observation #" + str(idx+1))
#得到单一测试样本的精确度
[[temp_pred]] = sess.run(prediction, feed_dict={x_data:t, y_target:y_data})
test_acc_temp = target_test[idx]==np.round(temp_pred)
if idx == 5:
        print("texts_test[5] is: %s" % texts_test[5])
    if np.round(temp_pred) == 0:
        print("The texts_test[5] is predicted not spam.")
    else:
        print("The texts_test[5] is predicted spam!")
    if target_test[idx] == 0:
        print("The texts_test[5] is actually not spam.")
    else:
        print("The texts_test[5] is actually spam!")
```

```
test_acc_all.append(test_acc_temp)
print("\nOvervall Test Accuracy: {}".format(np.mean(test_acc_all)))
```

⑱针对第6条测试短信（texts_test[5]）的预测结果如下：

```
texts_test[5] is: yup ok i go home look at the timings then i msg
again xuhui going to learn on nd may too but her lesson is at am
The texts_test[5] is predicted not spam.
The texts_test[5] is actually not spam.
```

可以看到预测结果与实际结果一致。

6.2.5 项目目录结构

自然语言处理之垃圾短信预测项目目录结构如下图所示。

⌂ Jupyter

| Files | Running | Clusters | Conda |

Select items to perform actions on them.

□ ▾ ♠ / NLP   Upload New ▾ ↻

☐ □ ..

☐ □ data_source

☐ ⬚ Spam.ipynb   Running

☐ □ smsspamcollection.zip

其中：

Spam.ipynb —— 项目源码；

smsspamcollection.zip —— 下载的垃圾短信数据集；

data_source —— 由原始数据集进行格式转换后生成的csv文件。

> **注** 读者按照6.2.4节中的步骤新建项目时，项目工程目录下只会有Spam.ipynb文件，后两个文件和文件夹是程序运行过程中生成的。由于项目工程源码完全公开，读者也可以直接利用已生成好的文件进行尝试。

扫一扫，看视频

6.3 ❯ 迁移神经网络让你的电脑认识猫和狗

6.3.1 概述

本节主要讲解如何使用TensorFlow在自己的数据集上训练深度学习模型。我们用的方法是非常实用的迁移学习。

本章的案例来源于Kaggle的一个竞赛项目——猫狗大战。

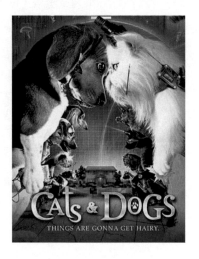

Kaggle是由联合创始人、首席执行官安东尼·高德布卢姆（Anthony Goldbloom）2010年在墨尔本创立的，主要为开发者和数据科学家提供举办机器学习竞赛、托管数据库、编写和分享代码的平台。在这个平台上，一些知名的大企业如Facebook（脸书）以及一些行政性的科研机构如NASA（美国国家航空航天局）等，都曾经在这个平台上发起过竞赛。目前Kaggle已经吸引了80万名数据科学家的关注。

猫狗大战竞赛的任务是：利用给定的数据集，用算法去实现猫和狗的识别。

6.3.2 迁移学习

本节中我们使用的方法是迁移学习。那么什么是迁移学习呢？

假设我们想要做一个计算机视觉的应用，如果从头训练权重，或者说从随机初始化的权重开始训练的话，得到最终的最优值往往会用比较长的时间（数据集规模越大耗费时间越长），而且需要大量GPU的支持。但如果我们利用别人已经训练好的网络结构的权重来作为预训练，然后转移到我们感兴趣的任务上来，通常能够节约大量的训练时间。这种利用（别人）已经训练好的模型作为（自己）新模型训练的初始化的学习方式就叫作迁移学习。

以本节猫狗大战项目为例，我们的任务是对图像进行二分类，判断图像是猫还是狗。由于我们手头上没有足以训练大规模网络所需要的大量样本，此时我们就可以采用迁移学习的方法。首先，从网络下载一些神经网络的开源实现。比如下载在ImageNet上训练好的VGG-16的权重，已经训练好的模型的输出是1000个类别，而我们输出的只有2个类别，我们需要做的就是去掉VGG-16的最后一个softmax层，替换为我们的softmax单元，来输出猫和狗2个类别。我们把前面的层看作是"冻结"的，或者只"冻结"了一部分，只需调整少量的参数。通过使用他人已经训练好的权重参数，我们可以很快地达到比较理想的性能。

总结：

① 为何要使用迁移学习？

a.所需样本数量更少；

b.模型达到收敛所需要的耗时更短。

② 何时（适合）使用迁移学习？

a.当新数据集比较小并且和原数据集相似时；

b.当资源（算力）有限时。

6.3.3 项目结构及流程

① 数据准备。

② VGG-16的TensorFlow实现。

a.定义功能函数；

b.定义VGG-16模型类。

③ VGG-16模型复用。

a.模型微调；

b.载入权重。

④ 数据输入。

⑤ 模型重新训练与保存。

⑥ 模型参数载入。

⑦ 预测。

6.3.4 数据准备

训练神经网络进行图片识别的第一步是对数据集进行收集和预处理。猫狗大战的数据集的下载地址是https://www.kaggle.com/c/dogs-vs-cats/data（如果网站打不开或者速度慢，这里推荐一个百度网盘地址https://pan.baidu.com/s/13hw4LK8ihR6-6-8mpjLKDA，密码：dmp4）。数据集目录结构如右图所示。

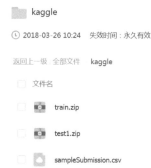

可以看到，数据集（Kaggle文件夹）包含了训练数据（train.zip）和测试数据（test1.zip）以及一个csv文件。其中，训练数据包含了

猫和狗的各12500张图片，测试数据包含了猫和狗的图片共12500张。右图展示了训练集中猫和狗图片的样例。

cat.12497.jpg　cat.12498.jpg　cat.12499.jpg　dog.0.jpg　dog.1.jpg　dog.2.jpg

dog.9.jpg　dog.10.jpg　dog.11.jpg　dog.12.jpg　dog.13.jpg　dog.14.jpg

6.3.5 VGG与VGG-16

在介绍VGG-16的TensorFlow实现与复用之前，先来了解一下什么是VGG和VGG-16。

（1）VGG

VGG卷积神经网络（关于卷积神经网络请参阅本书第4章）是牛津大学在2014年提出来的模型。当这个模型被提出时，由于它的简洁性和实用性，马上成为当时最流行的卷积神经网络模型。它在图像分类和目标检测任务中都表现出非常好的结果。在2014年的ILSVRC比赛中，VGG在Top-5中取得了92.3%的正确率。

VGG结构图如下所示。

卷积网络配置					
A	A-LRN	B	C	D	E
11 weight layers	11 weight layers	13 weight layers	16 weight layers	16 weight layers	19 weight layers
输入图像 (224 × 224 RGB)					
conv3-64	conv3-64	conv3-64	conv3-64	conv3-64	conv3-64
	LRN	conv3-64	conv3-64	conv3-64	conv3-64
池化					
conv3-128	conv3-128	conv3-128	conv3-128	conv3-128	conv3-128
		conv3-128	conv3-128	conv3-128	conv3-128
池化					
conv3-256	conv3-256	conv3-256	conv3-256	conv3-256	conv3-256
conv3-256	conv3-256	conv3-256	conv3-256	conv3-256	conv3-256
			conv1-256	conv3-256	conv3-256
					conv3-256
池化					
conv3-512	conv3-512	conv3-512	conv3-512	conv3-512	conv3-512
conv3-512	conv3-512	conv3-512	conv3-512	conv3-512	conv3-512
			conv1-512	conv3-512	conv3-512
					conv3-512
池化					
conv3-512	conv3-512	conv3-512	conv3-512	conv3-512	conv3-512
conv3-512	conv3-512	conv3-512	conv3-512	conv3-512	conv3-512
			conv1-512	conv3-512	conv3-512
					conv3-512
池化					
全连接 FC-4096					
全连接 FC-4096					
全连接 FC-1000					
逻辑回归					

（2）VGG-16

VGG模型有一些变种，其中最受欢迎的当然是 VGG-16，这是一个拥有16层的模型。VGG-16的结构如下图所示。

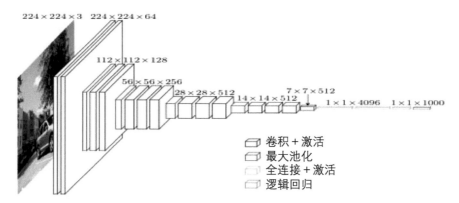

可以看到VGG-16的输入数据维度是 $224 \times 224 \times 3$，而输出数据维度是 $1 \times 1 \times 1000$。

6.3.6 VGG-16的TensorFlow实现

（1）定义功能函数

和大多数卷积神经网络一样，VGG在模型中主要使用了卷积、池化以及全连接等方法，因此我们在实现VGG之前要先实现这些方法。

卷积方法代码如下：

```
def conv(self, name, input_data, out_channel, trainable=False):
    in_channel = input_data.get_shape()[-1] #获得输入数据的通道数
    with tf.variable_scope(name):
        kernel = tf.get_variable("weights", [3, 3, in_channel,
out_channel], dtype=tf.float32, trainable=trainable)
        biases = tf.get_variable("biases", [out_channel],
dtype=tf.float32, trainable=trainable)
        conv_res = tf.nn.conv2d(input_data, kernel, [1,1,1,1], padding="SAME")
        res = tf.nn.bias_add(conv_res, biases)
        out = tf.nn.relu(res, name=name)
    self.parameters += [kernel, biases] #将卷积层定义的参数
（kernel, biases）加入列表
    return out
```

全连接方法代码如下：

```
def fullconn(self, name, input_data, out_channel, trainable=True):
    shape = input_data.get_shape().as_list()
    if len(shape) == 4:
        size = shape[-3] * shape[-2] * shape[-1] #获得输入数据各个
        维度的维数
    else:
size = shape[1]
    input_data_flat = tf.reshape(input_data, [-1,size])
    with tf.variable_scope(name):
        weights = tf.get_variable(name="weights", shape=[size,
out_channel], dtype=tf.float32, trainable=trainable)
        biases = tf.get_variable(name="biases", shape=[out_
channel], dtype=tf.float32, trainable=trainable)
        res = tf.matmul(input_data_flat, weights)
        out = tf.nn.relu(tf.nn.bias_add(res, biases))
    self.parameters += [weights, biases] #将全连接层定义的参数
（weights, biases）加入列表
    return out
```

池化方法代码如下：

```
def maxpool(self, name, input_data):
    out = tf.nn.max_pool(input_data, [1,2,2,1], [1,2,2,1],
padding="SAME", name=name)
    return out
```

（2）定义VGG-16模型类

从整体上看，VGG、VGG-16由两部分组成：一部分是卷积层；另一部分是全连接层。

卷积层代码如下：

```python
def conv_layers(self):
    #conv1
    self.conv1_1 = self.conv("conv1re_1", self.images, 64, trainable=False)
    self.conv1_2 = self.conv("conv1_2", self.conv1_1, 64, trainable=False)
    self.pool1 = self.maxpool("poolre1", self.conv1_2)
    #conv2
    self.conv2_1 = self.conv("conv2_1", self.pool1, 128, trainable=False)
    self.conv2_2 = self.conv("convwe2_2", self.conv2_1, 128, trainable=False)
    self.pool2 = self.maxpool("pool2", self.conv2_2)
    #conv3
    self.conv3_1 = self.conv("conv3_1", self.pool2, 256, trainable=False)
    self.conv3_2 = self.conv("convrwe3_2", self.conv3_1, 256, trainable=False)
    self.conv3_3 = self.conv("convrwe3_3", self.conv3_2, 256, trainable=False)
    self.pool3 = self.maxpool("poolre3", self.conv3_3)
    #conv4
    self.conv4_1 = self.conv("conv4_1", self.pool3, 512, trainable=False)
    self.conv4_2 = self.conv("convrwe4_2", self.conv4_1, 512, trainable=False)
    self.conv4_3 = self.conv("convrwe4_3", self.conv4_2, 512, trainable=False)
    self.pool4 = self.maxpool("pool4", self.conv4_3)
    #conv5
    self.conv5_1 = self.conv("conv5_1", self.pool4, 512, trainable=False)
    self.conv5_2 = self.conv("convrwe5_2", self.conv5_1, 512, trainable=False)
    self.conv5_3 = self.conv("conv5_3", self.conv5_2, 512, trainable=False)
    self.pool5 = self.maxpool("poolrwe5", self.conv5_3)
```

全连接层代码如下：

```python
n_class = 2 #输出的类别个数
def fc_layers(self):
    global n_class
    self.fc6 = self.fullconn("fc1", self.pool5, 4096, trainable=False)
```

```
    self.fc7 = self.fullconn("fc2", self.fc6, 4096, trainable=False)

    self.fc8 = self.fullconn("fc3", self.fc7, self.n_class, trainable=True)
```

VGG-16初始化代码如下：

```
class Vgg16:
 def __init__(self, images):
    self.parameters = []  #在类的初始化时加入全局列表，将所需共享的参
数加载到复用类中
    self.images = images
    self.conv_layers()
    self.fc_layers()
    self.probs = tf.nn.softmax(self.fc8)  #输出每个属于各个类别的概率值
```

6.3.7 VGG-16模型复用

对于模型复用来说,最关键的两个步骤就是微调和载入权重。微调就是对我们需要重新训练的层及其相关参数进行一定调整并重新训练；载入权重是复用（他人）已经训练好的权重参数，通过load方法将其中包含的数据以字典的形式读出，之后根据具体的需求载入相应的参数。

（1）模型微调（finetuning）

① trainable参数变动。在进行finetuning对模型进行重新训练时，对于部分不需要训练的层可以通过设置trainable=False来确保其在训练过程中不会被修改权值。

trainable参数变动的代码已经包含在了上节给出的各段代码中，读者可以重点关注代码中含有"trainable"的程序行。

② 全连接层的神经元个数修改。预训练的VGG是在ImageNet数据集上进行训练的，对1000个类别进行判定，如果希望将已经训练好的模型用于其他的分类任务，需要修改最后的全连接层，把输出的神经元数设为希望分类的类别的数量。

全连接层的神经元个数修改的代码也已包含在了上节给出的代码中，在"全连接层代码"程序中开始处设置了n_class=2，将其传入了最后一行代码self.fc8 = self.fullconn("fc3", self.fc7, self.n_class, trainable=True)，这样就将VGG-16本来输出的1000分类改为了我们猫狗大战项目中需要的2分类。

（2）载入权重

载入权重代码如下：

```
def load_weights(self, weight_file, sess):
    weights = np.load(weight_file) #载入npz文件
    keys = sorted(weights.keys()) #对获取的字典的键值进行排序
    for i, k in enumerate(keys):
        if i not in [30, 31]: #排除不需要载入的层（只保留最后一个全连阶层fc8）
            sess.run(self.parameters[i].assign(weights[k]))
    print("-----weighes loaded-----")
```

这个函数对VGGNet权重（他人已经训练好的权重）进行载入。函数中形参"weight_file"表示权重文件，在调用此函数的实参中应传入"vgg16_weights.npz"这个文件的路径（关于实参、形参的概念请读者阅读程序设计相关书籍或网上查阅资料）。"vgg16_weights.npz"文件需要从网上下载，下载地址为：https://www.cs.toronto.edu/~frossard/vgg16/vgg16_weights.npz。下载后自行选择保存路径，在程序中传入这一路径即可。

6.3.8 数据输入

数据已经下载完了，模型已经实现好了，可以进行训练了吧？还不行！因为还必须把数据输入到模型中，也就是两者要结合起来，这一节我们就做这件事。代码如下：

```
def get_file(file_dir):
    '''
    Args:
        file_dir: file directory
    Returns:
        list of images and labels
    '''
    cats = []
    dogs = []
```

```
    image_list = []
    label_list = []


    for root, sub_folders, files in os.walk(file_dir): #遍历
file_dir下的所有目录和文件
        for name in files: #images中保存的是file_dir下各级子文件夹下
的文件(完整路径)
            image_list.append(os.path.join(root, name))
            category = name.split(sep='.') #文件名按.分割
            if category[0] == 'cat': #如果是cat, 标签为0, dog为1
                cats.append(os.path.join(root, name))
                label_list.append(0)
            elif category[0] == 'dog':
                dogs.append(os.path.join(root, name))
                label_list.append(1)
            else:
                print("unrecognized category")
    print('There are %d cats\nThere are %d dogs' %(len(cats),
len(dogs))) #打印猫和狗的数量
    label_list = [int(i) for i in label_list] #将label_list中的数据
类型转为int型


    return image_list, label_list
```

这个函数传入的参数是"file_dir",代表了文件路径,在调用这个函数时实参中应传入6.3.4节中下载并保存的猫狗大战数据集中的训练数据(train.zip)或测试数据(test1.zip)在解压之后(train文件夹或test1文件夹)的路径。当然,因为当前我们是要进行训练,所以应传入train文件夹的路径(x:\...\Kaggle\train)。

传入路径之后,此函数遍历这个路径下的所有目录和文件,把每个图片文件的完整路径添加到图片列表中。如果遇到文件名中包含"cat"的就加入cats列表,同时在标签列表中添加一个"0";包含"dog"的就加入dogs列表,同时在标签列表中添加一个"1"。最后,函数打印出了文件夹下猫和狗图片各自的数量,并返回了一一对应的图片列表和标签列表。

调用get_file函数返回图片列表和相对应的标签列表后，还要将其转换为模型能够识别的数据格式，这需要get_batch函数来完成，代码如下：

```
import vgg_preprocess


def get_batch(image_list, label_list, image_width, image_height, batch_size,
capacity):
    image = tf.cast(image_list, tf.string) #将image_list的数据格式转化成string
    label = tf.cast(label_list, tf.int32) #将label_list的数据格式转化成int32
    input_queue = tf.train.slice_input_producer([image, label]) #每次从一个
tensor列表中按顺序或者随机抽取出一个tensor放入文件名队列
    label = input_queue[1]
    image_contents = tf.read_file(input_queue[0]) #读取图片
    image = tf.image.decode_jpeg(image_contents, channels=3) #解码JPEG格式图像
    image = vgg_preprocess.preprocess_for_train(image, 224, 224)
    image_batch, label_batch = tf.train.batch([image, label], batch_
size=batch_size, num_threads=64, capacity=capacity)
    label_batch = tf.reshape(label_batch, [batch_size])


    return image_batch, label_batch
```

get_batch函数每次读取一定数量（一个批次，通过batch_size指定）的图片和与其对应的标签，将这个批次的图片和标签一起返回，最终送入模型，这样就能够进行训练了。

6.3.9 模型重新训练和保存

在把数据输入到模型之后，就可以对模型进行重新训练和保存了。在迁移学习中，微调和模型的重新训练是非常重要的环节。代码如下：

```
tf.reset_default_graph()


start_time = time.time() #计算每次迭代的时间
batch_size =32 #批处理样本的大小
```

```
capacity = 256 #内存中存储的最大数据容量
means = [123.68, 116.799, 103.939] #VGG训练时图像预处理每个通道
所减均值(RGB三通道)


image_list, label_list = get_file(r"E:\AI-learn\kaggle\
train") #获取图像列表和标签列表
image_batch, label_batch = get_batch(image_list, label_list,
224, 224, batch_size, capacity) #通过读取列表来批量载入图片及标签
x = tf.placeholder(tf.float32, [None, 224, 224, 3])
y = tf.placeholder(tf.int32, [None, 2]) #对猫和狗两个类别进行判定


vgg = Vgg16(x)
fc8_finetuining = vgg.probs
loss_function = tf.reduce_mean(tf.nn.softmax_cross_entropy_
with_logits(logits=fc8_finetuining, labels=y)) #损失函数
optimizer = tf.train.GradientDescentOptimizer(learning_
rate=0.001).minimize(loss_function)


sess = tf.Session()
sess.run(tf.global_variables_initializer())
vgg.load_weights(r"E:\AI-learn\vgg16_weights.npz", sess) #通
过npz格式的文件获取Vgg的相应权重参数,从而实现权重复用
saver = tf.train.Saver()


#启动线程
coord = tf.train.Coordinator() #使用协调器来管理线程
threads = tf.train.start_queue_runners(coord=coord, sess=sess)


epoch_start_time = time.time()
#迭代训练
for i in range(1000):
```

```
    images, labels = sess.run([image_batch, label_batch])
    labels = onehot(labels) #用one-hot形式对标签进行编码
    sess.run(optimizer, feed_dict={x:images, y:labels})
    loss = sess.run(loss_function, feed_dict={x:images, y:labels})
    print("Epoch %d, the loss is %f" %(i, loss))
    epoch_end_time = time.time()
    print("Current epoch takes: ", (epoch_end_time-epoch_start_time))
    epoch_start_time = epoch_end_time

    if (i+1)%500 == 0:
        saver.save(sess, os.path.join("./model/", "epoch_{:06d}.
    ckpt".format(i)))
    print("-------Epoch %d is finished.-------" %i)

#模型保存
saver.save(sess, "./model/")
print("Optimization Finished.")

#计算训练总共所花费时间
duration = time.time() - start_time
print("The train process takes:", "{:.2f}".format(duration))

#关闭线程
#通知其他线程关闭
coord.request_stop()
#等待其他线程结束,其他所有线程关闭之后,这一函数才能返回
coord.join(threads)
```

　　关于代码没有过多需要说明的，训练流程和一般的TensorFlow模型训练流程基本一致，并且代码中调用到的一些函数也已经在前几节介绍过了。只有一点需要注意：笔者将数据集保存在了"E:\AI-learn\"路径下，这一路径读者可以自行设置。

　　整个训练过程比较漫长，视个人的电脑配置情况而定。最终结果如下图所示。

训练开始

训练结束

6.3.10 预测

在对模型进行重新训练以及保存之后，我们就可以用已经保存好的模型对图片进行预测了。代码如下：

```
tf.reset_default_graph()
```

```
means = [123.68, 116.799, 103.939]  #VGG训练时图像预处理所减均值
(RGB三通道)
x = tf.placeholder(tf.float32, [None, 224, 224, 3])


sess = tf.Session()
vgg = Vgg16(x)
fc8_finetuining = vgg.probs


saver = tf.train.Saver()
print("Model restoring...")
saver.restore(sess, "./model/")  #恢复最后保存的模型


test_file = r"E:\AI-learn\kaggle\test1\59.jpg"  #测试图片集中狗图
片中的第59张
#test_file = r"E:\AI-learn\kaggle\test1\302.jpg"  #测试图片集中猫图片
中的第302张
img = imread(test_file, mode="RGB")
img = imresize(img, (224, 224))
img = img.astype(np.float32)  #数组的数据类型转换为float32
#每一通道减去其均值
for c in range(3):
    img[:, :, c] -= means[c]
prob = sess.run(fc8_finetuining, feed_dict={x:[img]})
max_index = np.argmax(prob)


if max_index == 0:
    print("这是一只猫。概率为：%.6f" %prob[:,0])
else:
    print("这是一条狗。概率为：%.6f" %prob[:,1])
```

上一节我们训练完模型之后，会在项目根目录下生成"model"文件夹，在此文件夹中保存了训练过程中生成的一些checkpoint文件，如下图所示。

组织 ▾	包含到库中 ▾	共享 ▾	新建文件夹		

名称	修改日期	类型	大小
.data-00000-of-00001	2019/2/8 4:11	DATA-00000-OF...	524,488 KB
.index	2019/2/8 4:11	INDEX 文件	2 KB
.meta	2019/2/8 4:11	META 文件	525,649 KB
checkpoint	2019/2/8 4:11	文件	1 KB
epoch_000499.ckpt.data-00000-of-0...	2019/2/8 0:25	DATA-00000-OF...	524,488 KB
epoch_000499.ckpt.index	2019/2/8 0:25	INDEX 文件	2 KB
epoch_000499.ckpt.meta	2019/2/8 0:25	META 文件	525,649 KB
epoch_000999.ckpt.data-00000-of-0...	2019/2/8 4:11	DATA-00000-OF...	524,488 KB
epoch_000999.ckpt.index	2019/2/8 4:11	INDEX 文件	2 KB
epoch_000999.ckpt.meta	2019/2/8 4:11	META 文件	525,649 KB

在预测的时候，我们可以通过saver.restore函数恢复最后保存的模型。

在test_file中输入想要预测的图片，执行程序就可以得到预测结果的输出了。比如代码中选择了测试图片集中的第59张图片，如下图所示。

运行后程序的输出结果为：

```
Model restoring...
INFO:tensorflow:Restoring parameters from ./model/
```

这是一条狗。概率为：0.983826

我们再换一张猫的图片，选择测试图片集中的第302张图片，如下图所示。

运行后程序的输出结果为：

```
Model restoring...
INFO:tensorflow:Restoring parameters from ./model/
```

这是一只猫。概率为: 0.999545

通过以上2个例子可以看到，程序不但能识别出猫和狗，而且即使图片相对模糊或者有其他物体在其中，程序也仍然能够正确识别，不受影响。可见，通过迁移神经网络所取得的学习效果是非常好的。

6.3.11 项目目录结构

猫狗大战项目目录结构如下图所示。

其中：

DogVSCat.ipynb —— 训练程序源码；

DogVSCat_Test.ipynb —— 预测程序源码；

model —— 训练过程中及完成后生成的保存模型参数的文件夹；

vgg_preprocess.py —— 程序中用到的预处理程序库。

> **注** 还需要有猫狗大战数据集以及权重文件"vgg16_weights.npz"，由于我们没有将其放到项目路径下，故在这里没有列出。

6.4 ▶ 训练神经网络让你的遥控赛车变成自动驾驶赛车

通过本书前面内容的学习，你应该对TensorFlow这个机器学习框架十分熟悉了。人工智能除了图像识别分类，还有没有更高级的应用呢？

人工智能无人驾驶技术发展日新月异，成为当今科技新闻的热门。本节就给大家揭开自动驾驶技术的神秘面纱，让我们一探究竟。

遥控赛车(Radio Control，简称RC)想必大家都玩过，借助TensorFlow神经网络能让普通的RC模型车变身一辆自动驾驶赛车。训练你的人工智能实现赛道自动驾驶，来一场AI设计的比拼，或者一场人机大战。人类的棋盘已经失守，赛道会不会是下一个焦灼的赛场？在AI高速发展的今天，人类能不能守住自己最后的尊严，在驾驶技术上扳回一城？你是不是已经摩拳擦掌，跃跃欲试了？

2018北京市中小学生科技创客活动上，笔者带领学生们参加了MEV Learning Rover自动驾驶赛车这项新赛事。下面就和我们一起开启无人驾驶的探索之旅。

上图左侧AI自动驾驶赛车（无车壳）与右侧有人遥控驾驶赛车MEV对比。

上图为自动驾驶与有人遥控MEV赛车同场竞技。

（1）什么是MEV？

MEV是机动电能车（Mobility Electric Vehicle）的英文单词首字母缩写。

MEV机动电能车是中国自主研发的首个国际水平STEAM教育项目和科技挑战竞赛平台。

MEV机动电能车运用驾驶员第一视角遥感现实（Telemetric Reality，TR)，模拟驾驶舱先进技术，展现令人耳目一新的概念设计和身临其境的驾驶竞技体验。

遥感现实是一种继 VR / AR / MR 之后的新生理念，它使用无线电为基础的遥感通信，控制远程的一个实体存在的载具，完成真实发生的特定行为，并使用第一人称视角（FPV）显示系统获得实时视觉信息，获得真实体验。

MEV的赛事规则模拟真实世界顶级赛车赛事如一级方程式赛车（F1）、24小时勒芒赛（24 Hours of Le Mans）等规则。学生通过MEV机动电能车项目，以团队项目学习制(Project Based Learning –PBL课程形式) 的方式学习赛车工程制造、结构设计，通过遥感现实(Telemetric Reality) 操控系统驾驶赛车竞技，培养学生掌握并应用知识，提高综合技能和素质，依靠团队制定的目标逐级完成挑战。

（2）什么是MEV Learning Rover？

　　2018年MEV机动电能车再次创造中国乃至世界第一，基础教育赛事中首次应用真正的视觉神经网络深度学习AI实现自动驾驶赛车。MEV Learning Rover在2018北京市中小学生科技创客活动上大放异彩。

　　MEV Learning Rover（按英文直译为"学习漫步者"）又叫AI自动驾驶竞赛。MEV Learning Rover竞速比赛的主要内容：首先，车队车手通过人工驾驶采集约15万组数据（数据为瞬间视觉图像和遥控器所发送指令），准备用来训练AI神经网络。数据的采集通过车载摄像头和树莓派完成。之后，在独立的训练主机上导入采集到的遥控器指令数据和对应赛道画面的数据集迭代训练自动驾驶的AI神经网络，并保存学习生成的自动驾驶模型文件（最佳行驶路径的中位点集，请扫二维码观看视频"自动驾驶原理.mp4"）。最后，在赛车的树莓派上导入主机生成的自动驾驶模型文件，应用模型，赛车就可以在刚才采集数据的赛道上自动驾驶了，并且在训练驾驶员最优的训练数据基础上，可能超越人工驾驶的最快速度。

　　整个训练自动驾驶赛车的过程，如同之前章节介绍训练TensorFlow识别剪刀石头布的过程：生成训练数据→导入训练数据→搭建好的神经网络经过多轮的迭代训练生成适合的权重参数→保存模型结构文件和权重参数文件→导入模型文件→应用模型进行图像识别。

　　比赛规则为赛车在约50m长环形跑道上完成5圈自动驾驶，用时最短的赛车获胜。不同于传统的编程小车避障比赛，MEV Learning Rover赛车除了用摄像头当AI的"眼睛"，没有用到其他避障传感器，通过模仿人类的驾驶方式，实现了真正的AI图像识别赛道自动驾驶。

　　MEV Etrong Circuit——MEV华北亦创竞赛中心赛道（赛道净宽1.1m，单圈长约50m）。

扫一扫，看视频

自动驾驶赛道参考图。

赛手在赛道里调整赛车摄像头角度，确保赛车的AI能看清赛道的弯道标识。

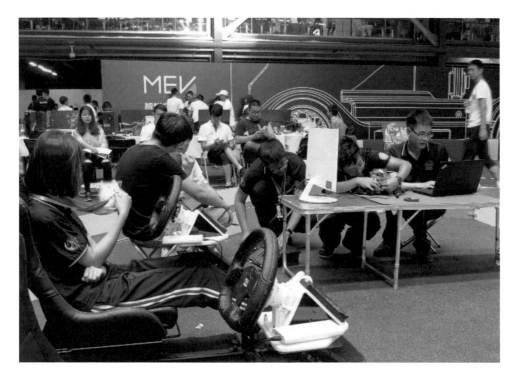

团队选手各司其职：

① 赛车手：赛车测试，数据录取，自动驾驶测试。

② 结构工程师：根据需求负责设计和调整赛车结构。

③ 数据工程师：管理训练数据，筛选数据，配合驾驶员和结构工程师采集驾驶数据。

④ 模型训练工程师：负责操作训练主机，完成自动驾驶模型训练，根据测试效果调整训练任务。

⑤ 竞赛经理：管理团队，和团队沟通安排各项参赛任务。

模型训练工程师正在负责操作训练主机，用采集的有人驾驶数据训练神经网络学习生成自动驾驶模型。

MEV Learning Rover AI自动驾驶竞赛起源自DARPA 美国国防高级研究计划局（Defense Advanced Research Projects Agency）创办的无人车挑战赛。

2004年3月，在加州和内华达州之间的莫哈维沙漠，DARPA第一次发起无人驾驶挑战赛：要求参赛无人车在10个小时内横穿莫哈维沙漠142英里（1英里≈1609米），最先抵达的参赛团队获得100万美金奖励。比赛结果，成绩最好的赛车跑了7.4英里，然后就冒烟了。虽然第一次挑战赛以惨败告终，但大多数参赛者在听到将继续举办下一届挑战赛时还是信心满满，蓄势待发。

　　2005年秋天，挑战赛再次如期举行。距离上次比赛仅仅过去短短的18个月，参赛者进步神速，展现出惊人的创造力和研发能力。总计195支队伍参赛，最终5辆无人车完成142英里的挑战。由Thrun率领的斯坦福团队设计的无人车"Stanley"以6小时53分的成绩取得冠军。

上图是Thrun 早期参加DARPA Grand Challenge的团队（左二为 Thrun）。

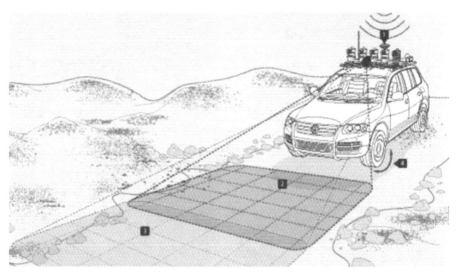

　　Sebastian Thrun媒体尊称他为"自动驾驶之父"。他带领斯坦福团队取得2004 DARPA挑战赛冠军，共同创立了谷歌自动驾驶项目。

上图是DARPA无人车挑战赛参赛的途锐赛车。

上图是DARPA无人车挑战赛上的各种无人驾驶参赛车辆。

如果没有这场无人车挑战赛，就没有现在蒸蒸日上的无人驾驶行业，它开拓了一个新的领域。大家都是新来者，而创新并非来自市场内部，而是由外来者带入。

曾经在这个领域摸爬滚打的专家们反而没了优势，因为他们被自己的思维困住了，当时开发无人驾驶的工程师很少了解机器学习，Velodyne 的激光雷达也是这场挑战赛催生出来的。

后来出现的Google无人车，头顶的装置就是激光雷达。

现今，自动驾驶是汽车产业与人工智能、物联网、高性能计算等新一代信息技术深度融合的产物，是当前全球汽车与交通出行领域智能化和网联化发展的主要方向，已成为各国争抢的战略制高点。

（3）自动驾驶现状与技术分级

自动驾驶技术分为多个等级，目前国内外产业界采用较多的为美国汽车工程师协会（SAE）和美国高速公路安全管理局（NHTSA）推出的分类标准。按照SAE的标准，自动驾驶汽车视智能化、自动化程度水平分为6个等级：无自动化（L1）、驾驶支援（L2）、部分自动化（L2.5）、有条件自动化(L3)、高度自动化(L4)和完全自动化（L5）。

SAE LEVEL	已拥有量产车型的车企
5	无
4	无
3	Audi
2.5	Tesla
2	Cadillac VOLVO NISSAN BMW Mercedes …
1	其他车企

　　自动驾驶技术在技术方面，有两条不同的发展路线：第一种是"渐进演化"的路线，也就是在今天的汽车上逐渐新增一些自动驾驶功能，例如特斯拉、宝马、奥迪、福特等车企均采用此种方式，这种方式主要利用传感器，通过车车通信（V2V）、车云通信实现路况的分析；第二种是完全"革命性"的路线，即从一开始就是彻彻底底

的自动驾驶汽车，例如谷歌和福特公司正在一些结构化的环境里测试的自动驾驶汽车，这种路线主要依靠车载激光雷达、电脑和控制系统实现自动驾驶。从应用场景来看，第一种方式更加适合在结构化道路上测试，第二种方式除结构化道路外，还可用于军事或特殊领域。

目前MEV Learning Rover属于教学和研究型的自动驾驶模型赛车，为未来真实世界的自动驾驶汽车发展进行早期人才培养，目前世界上已有多家企业在研发和测试Level 4级和Level 5级的汽车，比如Google的Waymo和百度的Apollo小巴。

汽车发展到今天的状态，很大一部分归功于赛车运动，我们身边的汽车包含的众多技术都是经过近数十年来车辆在竞赛中的各种极限考验，最终由工程师们将其民用化，以提高性能，更好地节能减排和最大化增强安全保障。而自动驾驶也在21世纪初就被应用到了赛车运动领域，其发展也必定会对未来的自动驾驶民用汽车带来帮助。

上图是斯坦福大学Dynamic Design Lab（动力设计实验室）的自动驾驶Audi TTS赛车"Shelley"。

扫二维码观看自动驾驶赛道视频。

扫一扫，看视频

上图为RoboRace的RoboCar原型。

请扫二维码观看RoboRace视频。

扫一扫，看视频

上图为RoboRace的DevBot原型赛车在赛道上行驶。

MEV-AI Learning Rover也是一辆自动驾驶赛车的1∶8比例模型，它将带你走进真正的AI自动驾驶世界，学习和了解人工智能在赛车领域的知识原理和技术应用。

（4）实践自动驾驶

MEV Learning Rover赛事中AI如何解决自动驾驶问题？

首先参考下人类是怎么完成驾驶任务的。

驾驶员用眼睛查看路面情况，大脑同时飞速运转预测下一秒的路面情况，通过双手控制方向盘，让车辆始终维持在道路中间行驶。当一个老司机开车时，所有大脑的判断和动作已经形成了肌肉记忆，因此并不会感觉很辛苦。

MEV Learning Rover用一个摄像头当眼睛，并加载学习好的神经网络模型，通过图像识别赛道路况，控制车辆转弯，实现和人类近似的驾驶机制。

在普通的MEV遥控赛车上加装
LearningRover套件，即可升级为一辆
无人自动驾驶赛车。

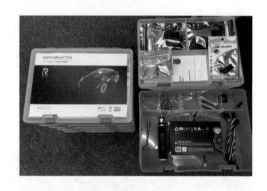

类别	名称	规格	数量	备注
控制器	树莓派	树莓派3	1	自动驾驶功能和核心控制器
	树莓派摄像头	800W像素	1	自动驾驶图像采集
	TF卡	闪迪16g	2	预装树莓派系统，存储数据，转移数据
	TF卡读卡器	USB TF卡读卡器	2	配合TF使用
	电源模块—I²C扩展板	输入7.4v，输出5v	1	给树莓派供电，用I²C和树莓派通信，输出控制信号
	数据录取模块	ATMEGA32U4	1	采集遥控数据
工具/配件	304圆柱头内六角螺钉	M2mm×6mm	6	固定摄像头
		M2.5mm×12mm	10	固定电源模块和树莓派
		M3mm×10mm	6	固定控制器面板
		M3mm×16mm	2	固定摄像头支架
	304沉头内六角螺钉	M3mm×8mm	6	
	304自锁螺母	M3mm	2	
	尼龙柱	M3mm×5mm	10	
	垫圈	M3mm×8mm×2mm	5	
	铜柱	镀镍双通M3mm×50mm	4	
		镀镍单通M3mm×45mm	4	
	螺丝刀	内六角，十字，一字螺	1	工具
连接线	电源模块+舵机驱动器供电线		1	
	树莓派供电线		1	
	I²C通信线		1	
软件	LearningRover	AI Software		预装在树莓派

上图为LearningRover套件和配件列表。

　　按照上图把套件里的树莓派、扩展控制电路和摄像头固定在MEV赛车二楼板上即可。

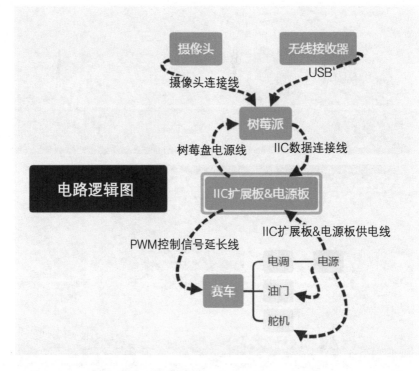

上图是自动驾驶赛车的电路控制逻辑图。

自动驾驶硬件部分，树莓派扮演着重要的角色，就像人类的大脑，它负责数据采集、处理、小车控制等。

自动驾驶的核心技术使用的是End2End自动驾驶方案。

方案相关的论文《End to End Learning for Self-Driving Cars》里面提到，训练了一个CNN（神经网络），能够从前置摄像头获取图像中的像素计算得到最终控制车辆行驶指令。输入为道路的图片，输出是转向的角度。也就是：像素→指令。

在End2End模式下，一端输入原始图像，一端输出想要的结果，只关心输入和输出，中间的步骤全部都不管。带来的好处是通过缩减人工预处理和后续处理，尽可能使模型从原始输入到最终输出，给模型更多的可以根据数据自动调节的空间，增加模型的整体契合度。

MEV Learning Rover 的End2End深度神经网络模型结构如下。

```
43
44   def build_model(args):
45       """
46       NVIDIA model used
47       Image normalization to avoid saturation and make gradients work better.
48       Convolution: 5x5, filter: 24, strides: 2x2, activation: ELU
49       Convolution: 5x5, filter: 36, strides: 2x2, activation: ELU
50       Convolution: 5x5, filter: 48, strides: 2x2, activation: ELU
51       Convolution: 3x3, filter: 64, strides: 1x1, activation: ELU
52       Convolution: 3x3, filter: 64, strides: 1x1, activation: ELU
53       Drop out (0.5)
54       Fully connected: neurons: 100, activation: ELU
55       Fully connected: neurons: 50, activation: ELU
56       Fully connected: neurons: 10, activation: ELU
57       Fully connected: neurons: 1 (output)
58
59       # the convolution layers are meant to handle feature engineering
60       the fully connected layer for predicting the steering angle.
61       dropout avoids overfitting
62       ELU(Exponential linear unit) function takes care of the Vanishing gradient
63       """
64       model = Sequential()
65       model.add(Lambda(lambda x: x/127.5-1.0, input_shape=INPUT_SHAPE))
66       model.add(Conv2D(24, 5, 5, activation='elu', subsample=(2, 2)))
67       model.add(Conv2D(36, 5, 5, activation='elu', subsample=(2, 2)))
68       model.add(Conv2D(48, 5, 5, activation='elu', subsample=(2, 2)))
69       model.add(Conv2D(64, 3, 3, activation='elu'))
70       model.add(Conv2D(64, 3, 3, activation='elu'))
71       model.add(Dropout(args.keep_prob))
72       model.add(Flatten())
73       model.add(Dense(100, activation='elu'))
74       model.add(Dense(50, activation='elu'))
75       model.add(Dense(10, activation='elu'))
76       model.add(Dense(1))
77       model.summary()
78
79       return model
80
```

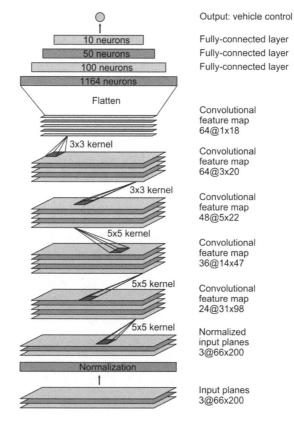

如上图所示，网络模型开始的部分是一套标准的图像分析卷积神经网络结构，输入的赛道图片是200×66像素的彩色图像，后面加入了三个全连接层用来根据赛道图片特征预测赛车方向舵机的输出角度。

如同之前介绍的MEV Learning Rover比赛过程，自动驾驶任务被分解为数据采集、数据训练、自动驾驶三部分。

如下图所示，实现自动驾驶任务的操作指令分为车载树莓派命令行操作和高性能训练主机命令行操作。

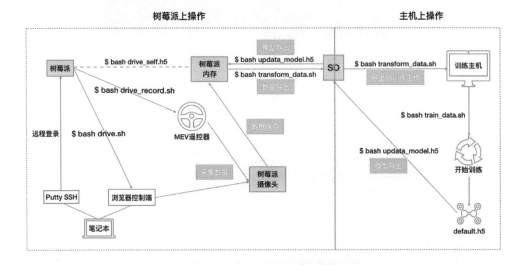

MEV Learning Rover项目为了方便青少年实践训练人工智能机器学习的过程，把复杂的命令行代码封装成了批处理脚本。如上图所示，每一步操作都有自定义的脚本命令。比如：drive_record.sh脚本功能是开始采集并保存记录摄像头和遥控器数据。运行效果如右图所示。

```
(dk) pi@LR_QAQ: $ bash drive_record.sh
using donkey v2.2.1 ...
Using TensorFlow backend.
loading config file: /home/pi/LR/config.py
config loaded
Picamera loaded.. .warming camera
Adding part PiCamera.
Adding part JoystickController.
Adding part Lambda.
Adding part KerasCategorical.
Adding part Lambda.
Adding part PWMSteering.
Adding part PWMThrottle.
path_in_tub: /home/pi/LR/data/tub_2_18-03-22
Tub does NOT exist. Creating new tub...
New tub created at: /home/pi/LR/data/tub_2_18-03-22
Adding part TubWriter.
Opening /dev/input/js0...
/home/pi/.virtualenvs/dk/lib/python3.4/site-packages/picamera/encoders.py:544: P
iCameraResolutionRounded: frame size rounded up from 160x120 to 160x128
  width, height, fwidth, fheight)))
Starting vehicle.
Device name: BETOP CONTROLLER
```

注 扩展名sh脚本文件类似于DOS操作系统中的批处理文件，它可以将不同的命令组合起来，并按确定的顺序自动连续地执行。

MEV Learning Rover树莓派上的主要脚本命令如下图所示。

```
(dk) pi@LR_QAQ:~ $ ls -l
total 72
-rwxr-xr-x 1 root root     34 Mar 22 17:37 check_ip.sh
drwxr-xr-x 9 pi   pi     4096 Mar 16 12:22 donkeycar
-rwxr-xr-x 1 root root     77 Mar 22 17:37 drive_record.sh
-rwxr-xr-x 1 root root    110 Mar 22 17:35 drive_self.sh
-rwxr-xr-x 1 root root     72 Mar 22 17:37 drive.sh
drwxr-xr-x 5 pi   pi     4096 Mar 19 06:29 LR
drwxr-xr-x 2 pi   pi     4096 Mar 22 06:34 models
-rw-r--r-- 1 pi   pi      611 Nov 21 06:36 README.md
-rwxr-xr-x 1 root root     86 Mar 22 17:37 restart_wifi.sh
-rwxr-xr-x 1 root root     32 Mar 22 17:37 set_config.sh
-rwxr-xr-x 1 root root     50 Mar 22 17:37 set_wifi.sh
-rwxrwxrwx 1 root root  20480 Mar 22 17:28 sssh.tar.gz
-rwxr-xr-x 1 root root   1628 Mar 23  2018 transform_data.sh
-rwxr-xr-x 1 root root    731 Mar 23  2018 updata_model.sh
(dk) pi@LR_QAQ:~ $ 
```

完成自动驾驶的具体步骤如下：

① 采集数据：使用遥控录取数据，样本数量在15000左右，检查和筛选数据，确保数据的有效性。

保存的数据格式有如下两种：JPG和JSON。

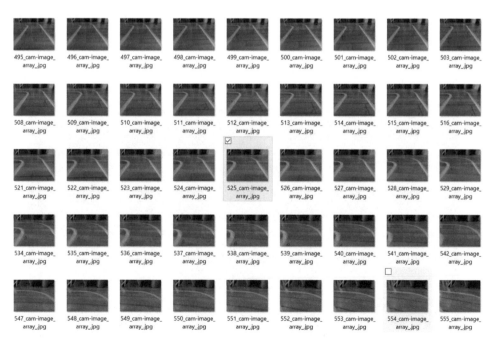

JPG文件保存了摄像头拍摄的赛道照片数据。

JSON(JavaScript Object Notation)是一种轻量级的数据交换格式,保存了遥控器的控制信号信息。

通过文件名上的标签数字，可以把同一时刻的赛道信息和遥控器操作信息一一对应，形成一套完整的有人驾驶训练数据。

② 训练：数据样本拷贝至训练主机，进行训练任务。训练任务结束后即可获得一个扩展名为.h5的自动驾驶模型文件。

训练主机的脚本运行过程如下。

采集的训练数据很多时，迭代训练过程要耐心等待。

③ 自动驾驶：运行脚本将训练好的模型载入树莓派，启动自动驾驶功能。

车载树莓派有Wi-Fi无线通信模块，当你的手机和赛车连接到同一个无线局域网时，可以通过访问车载树莓派的IP地址实时查看车辆自动驾驶状态信息。下方绿色的"Start"按钮可以启动赛车自动驾驶模式，红色的"Stop"按钮可以在自动驾驶期间紧急停车。

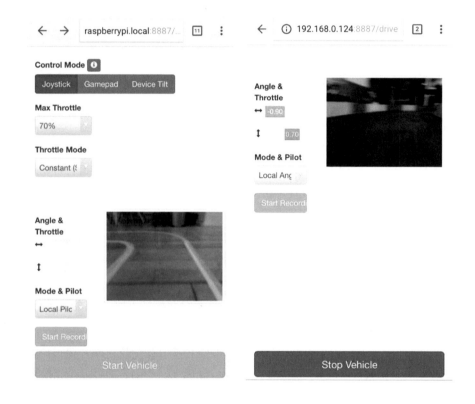

至此，你就成功组装并训练实现了一辆自动驾驶赛车。

请扫二维码观看MEV Learning Rover自动驾驶的效果演示视频。

（5）改善自动驾驶效果

之前我们介绍过，对于机器学习，训练数据准确的重要性，这里就要求赛车手在采集数据阶段尽量平稳驾驶，减少碰撞次数，尽量保持过弯操作的一致性，可以方便神经网络有效学习正确的驾驶操作特征。

扫一扫，看视频

当采集的数据碰撞比较多时，就需要对训练数据进行清洗。查找碰撞画面，删除事故时间段的赛道照片和遥控指令数据。你会发现，有时数据清洗整理的时间甚至超过其他任务的时间之和，需要一定的耐心。

调整摄像头角度，方便采集更多的赛道特征也有利于图像识别的准确率。

AI 学习的是人类的驾驶数据，因此，车队有一位发挥稳定又有一定速度的赛车手至关重要。我们车队实战发现，女生车手比男生车手更少犯错，发挥更加稳定。

当然，你也可以尝试对TensorFlow神经网络里的超参数进行优化调整减少系统误差，提高模型的准确率（调整方法参考上一节内容）。

当自动驾驶车速提高时，会出现频繁撞墙的情况，究其原因，AI从图像分析到输出方向舵控制信号会有半秒以上的延迟。减少延迟，可以通过改善算法、减少神经网络层数、提高系统效率来实现。

请扫二维码观看赛道人机大战视频

看过视频，你会发现，人类车手驾驶MEV轻松战胜了模仿他驾驶习惯的AI。

扫一扫，看视频

你能思考并分析下原因吗？

赛车是一项对抗运动，我们之前实现的只是行为克隆，让AI在赛道上自动驾驶。当赛道上出现对手时因为没有设计AI的对抗功能，自然它还在按部就班，按照自己训练的节奏来开。

其实，赛车AI对抗设计，在赛车游戏中已经普遍存在了，如何设计出真正意义的无人驾驶AI赛车能与人类同场竞技，就需要读者进一步去学习、探究。

（6）拓展实践DonkeyCar小车

借助开源的力量，站在巨人的肩膀，小创客们同样能开展很酷的无人驾驶AI项目。

DonkeyCar是一款适用于小型RC车的开源DIY自动驾驶平台。此开源项目给我们提供了一个学习相关技术的入门途径，它有趣、低成本，小创客们可以一起探索。

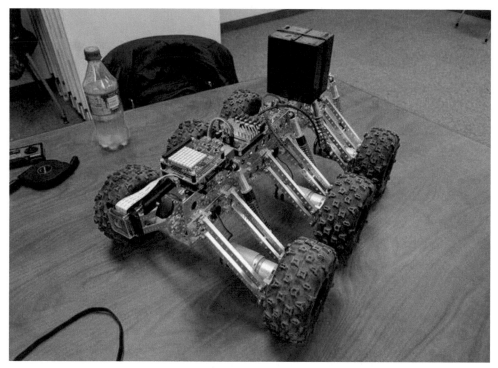

上图为国外高手自制的自动驾驶小车。

DonkeyCar小车是基于树莓派和Python，利用Keras深度学习框架实现自动驾驶小车的开源项目。

> 注 Keras是一个基于Theano和TensorFlow构建的深度学习框架，使用Python语言开发。Keras是一个高层神经网络API（应用程序接口），Keras为支持快速搭建神经网络而生，节省开发者的代码量，能够把你的想法迅速转换为结果。

3D打印外壳的DIY自动驾驶小车。

现在，训练汽车进行自动驾驶的最常用方法是行为克隆（behavioral cloning）和线路跟踪（line following）。在高层次上，行为克隆通过使用卷积神经网络监督学习来学习汽车图像（由前置摄像头拍摄）与转向角度和油门值之间的映射。另一种方法，即线路跟踪，通过使用计算机视觉技术来跟踪中线并利用PID控制器使汽车跟随线路。DonkeyCar项目两种方法均可实现。

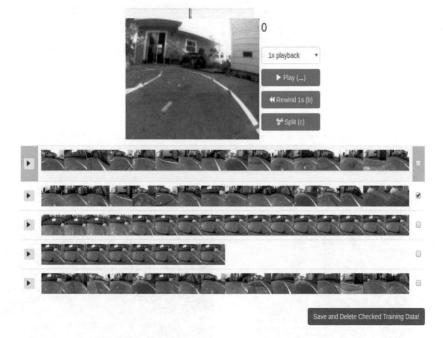

DonkeyCar的训练数据管理界面，方便训练数据清洗。

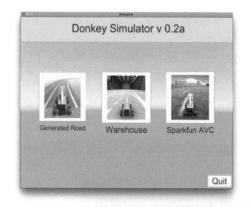
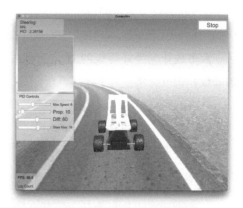

项目还提供了训练模拟器，可以用强化学习算法在模拟器中训练自动驾驶AI，之后再用真车在物理环境测试。利用模拟器仿真环境进行机器学习，可以有效提高机器学习效率，降低事故风险，节约研发成本。

① DonkeyCar工作原理如下图所示，DonkeyCar可以通过行为克隆技术来实现自动驾驶。前面介绍的MEV Learning Rover就是在DonkeyCar开源项目基础上改进而来。

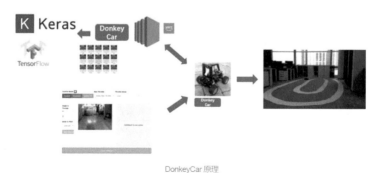

DonkeyCar 原理

② DonkeyCar常见问题。

a.什么类型的遥控车可以与DonkeyCar平台一起使用？

大多数业余爱好等级的RC汽车都可以与电子设备配合使用，但你需要制作自己的底板和相机支架。为了确保汽车能与DonkeyCar一起工作，请按以下清单检查：

单独的ESC电调和接收器。一些较便宜的汽车将这些组合在一起，因此需要焊接才能将Donkey电机控制器连接到ESC。

ESC电调使用三线连接器。这样可以轻松插入DonkeyCar硬件。推荐用有刷电机。

RC短卡模型车也可以改装成DonkeyCar自动驾驶赛车。

b.怎样才能制作自己的车道？

材料用胶带、布带甚至绳子均可。推荐车道尺寸是1.2m宽，有5cm白边、黄色虚线中心线；车道围绕中心点半径约21m。车道需包括：直行、左转、右转、弯道以及开始和结束线。

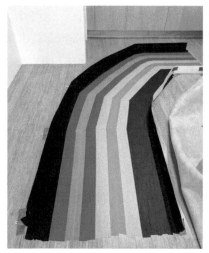

上图是国外自动驾驶爱好者自制的彩虹赛道。

通过学习本节内容，相信你对无人驾驶技术已经有了感性认识，本书鼓励大家提高兴趣的同时，继续查阅资料深入研究，关于开源无人驾驶项目的具体信息可进一步参考：

DonkeyCar官网：

http://www.DonkeyCar.com

DIY Robocars社区：

https://diyrobocars.com

DIY Robocars China：

http://www.diyrobocars.cn

上图是DIY Robocars自动驾驶汽车技术爱好者社区。

DIY Robocars的目标是建立一个自动驾驶汽车技术爱好者社区，他们可以使用有限预算制造和竞赛自动驾驶汽车。小型遥控车可以满足将自动驾驶汽车技术应用于现实世界场景的重要需求，同时对于个人爱好者来说成本是可接受的。DIY Robocars由Chris Anderson创建（3D机器人的首席执行官，DIY无人机的创始人和Sparkfun自动驾驶赛的冠军，前线杂志编辑和The Long Tail，Freedom和Maker的作者），DIY Robocars目前涵盖旧金山和湾区。DIY Robocars China创建目的是和DIY Robocars一起，在中国推广自动驾驶汽车技术爱好者社区。

（7）总结

本节通过介绍MEV Learning Rover中国基础教育的人工智能自动驾驶创新赛事与DonkeyCar开源DIY自动驾驶平台，让大家寻找到了真实的AI需求。学习、应用实践人工智能技术，试着清洗数据，借助开源社区的力量站在巨人的肩膀，而不是从零开始，这才是适合青少年学习人工智能的方式。

6.5 图像识别人体姿势控制无人机编队飞行

本节带大家一起了解实践人工智能机器学习最新潮的应用：利用卡内基梅隆大学的图像识别开源项目OpenPose实现人体姿态识别，进而控制大疆Tello EDU无人机编队飞行。

本项目首要完成的任务是通过手势或身体姿态来控制一架Tello无人机。要用到可编程指令控制的Tello EDU无人机，结合OpenPose图像识别人体姿态，把预设好的特定姿势对应飞机的操作指令。如下图所示：左臂抬平飞机执行起飞命令，右臂抬平执行降落命令等。

用KNN分类算法训练姿势识别

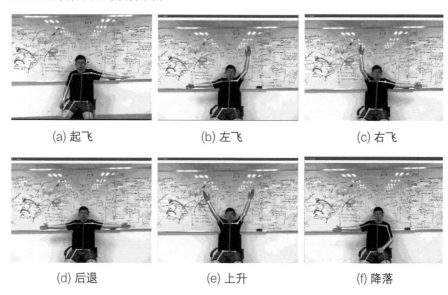

| (a) 起飞 | (b) 左飞 | (c) 右飞 |
| (d) 后退 | (e) 上升 | (f) 降落 |

Tello EDU 是一款强大的益智编程无人机，你能通过它轻松学习Scratch、Python和Swift 等编程语言。它支持命令和数据交互更丰富的SDK，编写代码指挥多台 Tello EDU 编队飞行，或者为它开发奇妙的 AI人工智能应用。

Tello SDK 通过 Wi-Fi UDP 协议与飞行器连接，让用户可以通过文本指令控制飞行器。下载安装 Python编程软件后，输入以下链接下载 Tello3.py 文件。

https://dl-cdn.ryzerobotics.com/downloads/tello/20180222/Tello3.py

Tello3.py 提供一个基于 Python 建立 UDP 通信端口的程序样例，可以实现与 Tello 的简单交互，包括向Tello 发送 SDK 指令和接收 Tello 的状态返回信息。

建立Tello 和 PC、Mac 或移动设备之间的 Wi-Fi 通信后就可以通过命令行输入如下指令来控制飞机。

控制命令

命令	描述
Command	进入 SDK 命令模式
takeoff	自动起飞
land	自动降落
streamon	打开视频流
streamoff	关闭视频流
emergency	停止电机转动
up x	向上飞 x 厘米 x = 20~500
down x	向下飞 x 厘米 x = 20~500
left x	向左飞 x 厘米 x = 20~500
right x	向右飞 x 厘米 x = 20~500
forward x	向前飞 x 厘米 x = 20~500
back x	向后飞 x 厘米 x = 20~500
cw x	顺时针旋转 x° x = 1~360

具体的SDK使用方法请参考

https://dl-cdn.ryzerobotics.com/downloads/Tello/Tello_SDK_2.0_使用说明.pdf

> 注 软件开发工具包（SDK，Software Development Kit）一般都是一些软件工程师为特定的软件包、软件框架、硬件平台、操作系统等建立应用软件时的开发工具集合。

下面介绍下实现人体姿态识别用到的OpenPose开源框架和kNN分类算法。

6.5.1 OpenPose人体姿态识别

OpenPose是由卡内基梅隆大学认知计算研究室提出的一种对多人身体、面部和手部形态进行实时估计的框架。此框架同时提供2D和3D的多人关键点检测，同时还有针对估计具体区域参数的校准工具箱。OpenPose可接受的输入有很多种，可以是图片、视频、网络摄像头等。同样，它的输出也是多种多样的，可以是PNG、JPG、AVI，也可以是JSON、XML和YML。输入和输出的参数同样可以针对不同需要进行调整，体现了这一计算框架强大的扩展性。

OpenPose提供C++API，以及可以在CPU和GPU上工作（包括可与AMD显卡兼容的版本）。

GitHub地址：https://github.com/CMU-Perceptual-Computing-Lab/openpose

> ⓘ GitHub是一个面向开源及私有软件项目的托管平台，因为只支持git 作为唯一的版本库格式进行托管，故名GitHub。

6.5.2 kNN分类算法

最简单最初级的分类器是将全部的训练数据所对应的类别都记录下来，当测试对象的属性和某个训练对象的属性完全匹配时，便可以对其进行分类。但不是所有测试对象都能找到与之完全匹配的训练对象，其次存在一个测试对象同时与多个训练对象匹配，导致一个训练对象被分到了多个类的问题，基于这些问题，就产生了近邻算法（kNN）。

kNN是通过测量不同特征值之间的距离进行分类。所谓k最近邻，就是k个最近的邻居的意思，说的是每个样本都可以用它最接近的k个邻居来代表。如果一个样本在特征空间中的k个最相邻的样本中的大多数属于某一个类别，则该样本也属于这个类别，并具有这个类别上样本的特性。其中k通常是不大于20的整数。kNN算法中，所选择的邻居都是已经正确分类的对象。该方法在定类决策上只依据最邻近的一个或者几个样本的类别来决定待分样本所属的类别。

下面通过一个简单的例子说明一下：如右图所示，绿色圆要被决定赋予哪个类，是红色三角形还是蓝色四方形？如果k=3，由于红色三角形所占比例为2/3，绿色圆将被赋予红色三角形那个类，如果k=5，由于蓝色四方形比例为3/5，因此绿色圆被赋予蓝色四方形类。

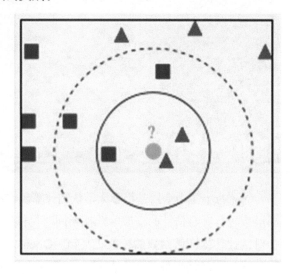

由此也说明了kNN算法的结果很大程度取决于k的选择。

在算法中，通过计算对象间距离来作为各个对象之间的非相似性指标，避免了对象之间的匹配问题，在这里距离一般使用欧氏距离或曼哈顿距离：

$$欧式距离：d(x,y)=\sqrt{\sum_{k=1}^{n}(x_k-y_k)^2}, \quad 曼哈顿距离：d(x,y)=\sqrt{\sum_{k=1}^{n}|x_k-y_k|}$$

同时，kNN通过依据k个对象中占优的类别进行决策，而不是单一的对象类别决策。这两点就是kNN算法的优势。

接下来对kNN算法的思想总结一下：就是在训练集中数据和标签已知的情况下，输入测试数据，将测试数据的特征与训练集中对应的特征进行相互比较，找到训练集中与之最为相似的前k个数据，则该测试数据对应的类别就是k个数据中出现次数最多的那个分类，其算法的描述为：

①计算测试数据与各个训练数据之间的距离；

②按照距离的递增关系进行排序；

③ 选取距离最小的k个点；

④ 确定前k个点所在类别的出现频率；

⑤ 返回前k个点中出现频率最高的类别作为测试数据的预测分类。

6.5.3 使用UAV-Gesture-Control_Python开源项目实现姿势控制Tello无人机

Tello理论上可以进行任何语言的开发，使用Python比较简单，所以我们就使用OpenPose和Tello结合，进行手势控制。

GitHub地址如下：https://github.com/RobertGCNiu/UAV-Gesture-Control_Python

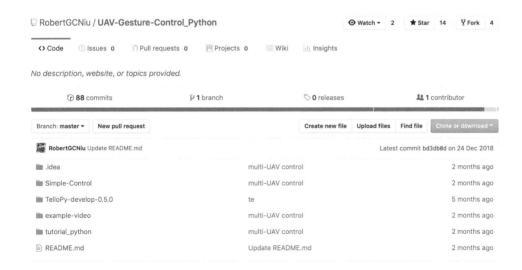

介绍完要用到的开源项目，下面我们开始搭建环境。

6.5.4 软件环境搭建简介

⚠️ **注意** 以下环境搭建流程以Mac电脑OS系统为例，其他操作系统类似。

首先，需要在Anaconda导航界面创建一个新的Python 3.6版环境，命名为"pose"，如下图所示。

在新建的环境名称上单击箭头，点选"Open Terminal"打开对应环境的命令行窗口。

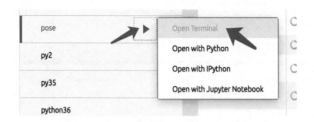

在命令行输入"conda list"可以查看当前环境已经安装的功能包。

```
(pose) bash-3.2$ conda list
# packages in environment at /Users/sangyy/anaconda3/envs/pose:
#
# Name                    Version                   Build  Channel
alabaster                 0.7.12                    py36_0
appnope                   0.1.0                     py36hf537a9a_0
asn1crypto                0.24.0                    py36_0
astroid                   2.1.0                     py36_0
av                        6.1.2                     py36h393aacb_0   conda-forge
babel                     2.6.0                     py36_0
backcall                  0.1.0                     py36_0
blas                      1.0                       mkl
bleach                    3.1.0                     py36_0
bzip2                     1.0.6                     h1de35cc_1002    conda-forge
ca-certificates           2019.1.23                 0
cairo                     1.14.12                   he60d9cb_2
certifi                   2018.11.29                py36_0
cffi                      1.11.5                    py36h6174b99_1
chardet                   3.0.4                     py36_1
cloudpickle               0.6.1                     py36_0
```

我们按照OpenPose的官方安装说明：https://github.com/CMU-Perceptual-Computing-Lab/openpose/blob/master/doc/installation.md 准备程序的执行环境，把必要的功能包都事先安装上。

> 注 包（package）是一个有层次的文件目录结构，它定义了由 n 个模块或 n 个子包组成的Python应用程序执行环境。

下面以部署安装cpu_only加速模式的OpenPose为例。

首先用命令git clone https://github.com/CMU-Perceptual-Computing-Lab/openpose 把OpenPose的项目程序克隆到电脑硬盘。

之后在命令行用cd命令进入这个刚刚下载创建的OpenPose目录，执行命令 bash scripts/osx/install_deps.sh 即可通过批处理程序安装上OpenPose的主要运行环境包。

继续运行命令brew cask install cmake 安装CMake,它是一个跨平台的安装编译工具。请按照上面OpenPose官方网页的说明设置。

看到设置和生成成功提示后即可运行命令make -j8 开始编译生成OpenPose的程序执行文件openpose.bin。

编译成功后，运行命令./build/examples/openpose/openpose.bin，如果看到摄像头开启，并出现如下画面效果，证明OpenPose已经安装成功。

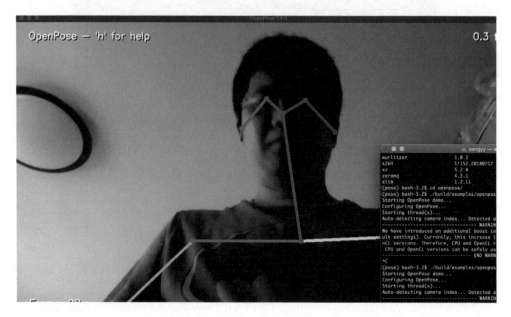

接下来运行命令pip install tellopy来安装DJI Tello drone controller python package（又叫tellopy）。这是一个Python包，用来控制大疆Tello无人机。tellopy控制无人机代码示例如下：

```
drone = tellopy.Tello()
drone.takeoff()
drone.rightsimplecontrol(20)
drone.leftsimplecontrol(20)
drone.land()
```

以上代码实现的就是无人机起飞后向右飞20cm再向左飞回原地后降落。

最后用git clone https://github.com/RobertGCNiu/UAV-Gesture-Control_Python命令把UAV-Gesture-Control_Python开源项目代码复制到电脑。并将项目中的文件夹/python_tutorial复制到计算机路径openpose/build/examples/python_tutorial下。

⚠ **注意** 开源的项目在搭建过程中经常会遇到各种编译或程序运行错误问题，主要原因是开源项目作者在开发项目时的环境与你当前电脑中的Python环境存在版本差异产生兼容问题造成的，各位读者在部署项目遇到问题时，请耐心细心，多看看github的项目文档。部署环境也是人工智能学习的重要环节，相信你在独立解决问题的过程中一定会收获很多。

至此，所有环境和程序就已经部署完毕。接下来让我们学习如何才能让无人机根据人的姿势去飞行。

6.5.5 姿势控制一架Tello无人机飞行

首先，把电脑的无线网链入Tello无人机的Wi-Fi热点。

执行UAV-Gesture-Control_Python下kNN目录里的KNN_video_gesture_control_test.py程序。

将Tello无人机的前方摄像头朝向操作员，程序运行界面如下。

按照项目说明中的预设姿势做动作就可以实现控制无人机飞行。通过修改程序，你也可以实现在动作识别过程中让命令行窗口实时显示出当前无人机执行的指令，可以方便大家进行脱机调试。

除了程序的预设动作，我们也可以轻松定制新的姿势指令。已有的指令动作已经录制在kNN目录下的mat文件里，只需要运行video_gesture_collection.py脚本即可完成新动作样本mat文件的录制采集。

在镜头前保持新的指令姿势不动，程序会连续采集10次你的骨架关键点信息keypoints，并把每次的keypoints输出存入一个25行3列的二维数组里。这样经过10次采集就会生成一个250行3列的新姿势样本matdata数组文件。把新生成的mat文件重新命名，比如文件名action_lrr.mat，覆盖掉旧的样本文件，新动作即可立即生效了。

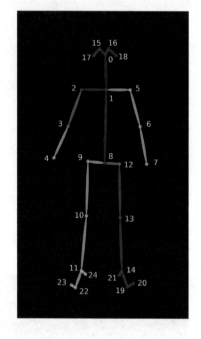

如右图所示为BODY_25模型识别人体输出keypoints对应关键点的信息。

在OpenPose+kNN算法架构中实现机器学习识别新动作的过程十分快捷，只需要不到两分钟即可完成识别新动作的部署任务。与之前章节介绍的TensorFlow CNN 卷积神经网络图像识别训练过程不同，OpenPose把复杂的人体姿势识别任务简化成了识别输出带姿势keypoints关键点信息的数组，为后面使用高效的kNN近邻分类算法提供了可能。

OpenPose实现人体关键点检测追踪，再配合上简单高效的分类算法，可以大大简化识别系统的复杂度，加快识别速度。要知道，在监控识别人流潜在危险行为等实时视频识别领域，一个机器学习模型准确率再高，如果没有高效的运行速度，这个模型也是不可用的。

至此，我们已经成功通过姿势识别控制了一架无人机。下面，我们来学习如何控制一支无人机编队飞行。

6.5.6 控制Tello无人机编队飞行

Tello EDU 支持Wi-Fi AP模式，颠覆了常见的一对一控制模式，使多台Tello Edu可以同时连接到一台Wi-Fi路由器，接收来自同一子网的电脑指令并提供反馈，从而实现多机状态同步，协同控制。

运行命令git clone https://github.com/TelloSDK/Multi-Tello-Formation下载多机控制代码。

Tello多机编队程序(Python版)仅适用于Tello EDU,即SDK2.0及以上版本。

首先，你需要将你要跑的脚本指令写在脚本里面，脚本的格式为.txt，即普通的文本文档。

运行这套代码的方式为:打开命令行窗口,运行: python multi_tello_test.py 脚本文件名.txt。

脚本编写示例如下：

```
scan 1
battery_check 20
correct_ip
1=0TQDF6GBMB5SMF
*>takeoff
sync 10
1>land
```

支持的脚本指令：

- scan [要找的Tello数量]

这个脚本指令会在网段中找连接的Tello，直到找到对应数量的Tello为止。

⚠️ **注意** 这必须是脚本的第一个脚本指令。

- battery_check [最低电量值]

检查所有Tello的电量。若有任意一台电量＜提供的值，程序自动终止。

电量值区间为0～100，建议设置为20，即battery_check 20。

- correct_ip

绑定Tello的产品序列号和连上wi-fi后的IP地址，以便在后续的编队飞行中能够指定特定的飞机执行特定的脚本指令。

（你可以理解为:这条指令是为了记录所有已连接的Tello在局域网中被分配的IP地址）

⚠️ **注意** 这条脚本指令最好紧接在"scan"和"battery_check"之后，不要放在有">"的脚本指令之后。

- [Tello的id]>[发给Tello的SDK命令] 向指定ID的Tello发送SDK指令。每台Tello只有在完成上一个SDK指令后才会执行下一个SDK指令。因此这个脚本指令也可以理解为添加Tello待执行的SDK指令。Tello的ID范围是由1开始，如果使用*，代表对全部

Tello发送同一个SDK指令如：*>takeoff 代表让编队内所有飞机起飞。

更多多机脚本的使用方法请查看网址：https://github.com/TelloSDK/Multi-Tello-Formation/blob/master/README(CH).md

> ⚠ **注意** 上面介绍过的tellopy的drone = tellopy.Tello()方法不支持多机指令，读者需自行修改KNN_video_gesture_control_test.py姿势控制程序的内部代码：
> def idx2pose(drone, pastidx):
>
> ```
>     if pastidx == 0:  # raise the left arm, lateral raise the
>     right arm
>         drone.rightsimplecontrol(20)
>     elif pastidx == 1:  # lateral raise the right arm
>         drone.land()
>     elif pastidx == 2:  # lateral raise the left arm
>         drone.takeoff()
>     elif pastidx == 3:   # raise the right arm , lateral raise
>     the left arm
>         drone.leftsimplecontrol(20)
>     elif pastidx == 4:  # both arm raised as v
>         drone.flip_rightsimplecontrol()
>         # drone.upsimplecontrol(20)
>     elif pastidx == 5:  # lateral raise both arms
>         drone.backwardsimplecontrol(20)
> ```

把这部分的单机指令替换成多机的控制脚本即可。

请扫二维码观看OpenPose动作识别演示视频。

扫一扫，看视频